苹果计算机应用软件

主　编：孙福波

副主编：姬秀娟　李晓娜

　　　　孙　萌　高　飞

　　　　刘永军

南开大学出版社

天　津

图书在版编目(CIP)数据

苹果计算机应用软件 / 孙福波主编. —天津：南
开大学出版社，2014.12
ISBN 978-7-310-04719-2

Ⅰ.①苹… Ⅱ.①孙… Ⅲ.①应用软件－教材 Ⅳ.
①TP317

中国版本图书馆 CIP 数据核字(2014)第 276987 号

南开大学出版社出版发行

出版人：孙克强

地址：天津市南开区卫津路 94 号　　邮政编码：300071
营销部电话：(022)23508339　23500755
营销部传真：(022)23508542　　邮购部电话：(022)23502200

*

天津午阳印刷有限公司印刷
全国各地新华书店经销

*

2014 年 12 月第 1 版　　2014 年 12 月第 1 次印刷
260×185 毫米　16 开本　11.5 印张　2 插页　294 千字
定价：28.00 元

如遇图书印装质量问题,请与本社营销部联系调换,电话:(022)23507125

前　言

在数字化生活越来越被我们当作一种时尚所倡导的今天，我们的身边也在不知不觉地淘汰着一些传统的事物与习惯而进入数字生活方式。在这种环境之下，苹果公司借助不断创新的理念在计算机操作系统、软件、硬件的开发更新方面取得了辉煌的成就，逐渐成为现今数字生活的倡导者和领航者。而目前国内关于苹果计算机应用软件方面的教材很少，为了越来越多的苹果计算机用户熟悉并运行在苹果 Mac OS X 操作系统下的应用软件，为他们的生活、学习、工作带来便利，我们编写了这本教材。

本书共分 5 章，主要内容包括系统工具、办公软件、网络工具、专业视频编辑软件 Final Cut Pro、高级数字合成软件 Shake 的介绍和使用方法。

本教材由孙福波担任主编，确定内容结构，并负责统稿、修改和定稿；高飞、刘永军、孙萌、李晓娜和姬秀娟参加编写，具体编写分工是：第一章由高飞和刘永军负责编写，第二章由孙萌负责编写，第三章由李晓娜负责编写，第四章由孙福波负责编写，第五章由姬秀娟负责编写。

本教材主要以高等院校计算机专业本科生为对象，同时也可以作为广大的苹果计算机用户在实际生活、学习、工作中的参考书。

在本书的编写过程中得到了南开大学出版社的大力支持，并为本书的出版付出了辛苦细致的劳动，在此表示衷心的感谢。在编写过程中，我们参考了国内外学者的优秀教材，汲取了其中的精华，在此向诸位编著表示感谢。本书的编写是由多位参编人员经过大量教学实践完成的，并参考苹果 Mac OS X 操作系统方面的书籍，力求有所突破和创新。但是由于能力和水平有限，书中难免有缺点和不足，敬请广大读者批评指正，以便今后再版时进行修改，不断提高本教材的质量。

目　录

第 1 章　系统工具

1.1　Mac OS 自带磁盘工具功能及应用

1.1.1　Mac OS 自带磁盘工具启动

在 Mac OS 操作系统中有自带的磁盘工具用于对磁盘进行修复和分区以及创建磁盘镜像等。磁盘工具位于"应用程序"中的"实用工具"文件夹。启动磁盘工具后，磁盘工具会自动收集本地主机的磁盘信息，并且将收集到的相关磁盘信息呈现给用户，如图 1-1 所示。

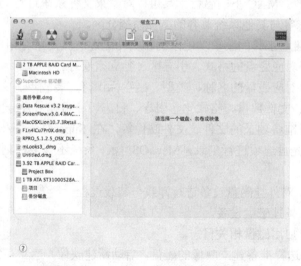

图 1-1　Mac OS 自带磁盘工具启动界面

1.1.2　Mac OS 自带磁盘工具的功能简述

Mac OS 自带磁盘工具拥有强大的磁盘处理功能，涵盖对本地磁盘、接入磁盘的验证、信息显示、磁盘刻录、装载、推出、启用日志、新建映像、镜像转换、调整映像大小等功能。在进入磁盘工具界面后，整个界面由四个部分组成，如图 1-2 所示。

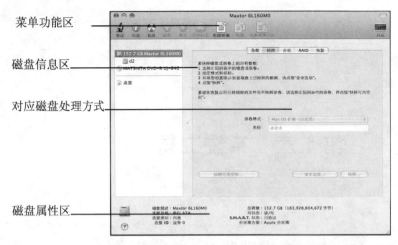

菜单功能区

磁盘信息区

对应磁盘处理方式

磁盘属性区

图 1-2　Mac OS 自带磁盘工具的功能分区

在选择不同的磁盘宗卷后，对应的磁盘处理方式也有所不同。例如：选择 MACTOR 磁盘盘符，处理方式有分区功能；而选择具体的分区磁盘，就不再有分区功能，具体磁盘处理方式将会在 1.1.3 中阐述。

通过对磁盘宗卷的选择，我们可以对具体的磁盘进行急救、抹掉、RAID、恢复操作。另外，MAC 磁盘工具里的可用空间，是指尚未分区的空间。把可用空间抹掉，实际上是对未格式化的空间或分区执行分区和格式化操作。

如果对目前的分区状态不满意，可以在磁盘工具里选择相应的硬盘，然后打开右边"分区"选项卡进行修改。MAC 下的磁盘工具可以对苹果文件系统进行动态改变大小等操作，也可以建立 FAT32 等与其他系统兼容的文件系统分区。

下面我们按照磁盘工具的菜单功能区的相关功能逐一做简单介绍。

1．验证：验证对应磁盘的格式、引导区、独立宗卷等。

2．信息：显示对应磁盘的名称、类型、磁盘标识符、装载点、文件系统、连接总线、设备树、可用空间、文件数量、格式化、引导、日志、磁盘编号及分区编号等。

3．刻录：选择准备刻录的文件、文件映像等，在 Superdrive 驱动器中插入空白可写光盘，选择相应的光盘选项进行刻录，Mac OS 操作系统还有多种刻录软件，例如 Toast 刻录软件等。

4．卸下/装载：对外挂磁盘设备进行卸载与装载过程。

5．推出：推出外挂磁盘设备。

6．启用日志：启用磁盘相关日志。

7．新建映像：选择准备建立映像的磁盘，启动新建映像，建立存储名称，选择存储位置，映像格式即是对映像进行加密，然后存储，如图 1-3 所示。

图 1-3 Mac OS 用磁盘工具建立磁盘映像

8．转换：即将保存的磁盘映像转换为其他格式。例如，将磁盘映像格式 DVD/CD 主映像转换为读/写格式。

9．调整映像大小：即调整磁盘映像的大小。

1.1.3 Mac OS 磁盘工具的磁盘处理方式

如图 1-4 所示，选中对应磁盘，在磁盘处理方式区中会显示对该磁盘处理的几种方式，例如：急救、抹掉、分区、RAID、恢复。

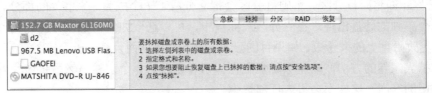

图 1-4 Mac OS 磁盘工具的磁盘处理方式

1．急救：如果所选中的磁盘出现问题，可以点击"修理磁盘"，如果"修理磁盘"不可用，点击"验证磁盘"，如果对于磁盘权限有问题，点击"修理权限"。在选中"显示细节"选项卡后，在下面的空白处会显示验证和修理宗卷的详细信息。如图 1-5 所示。

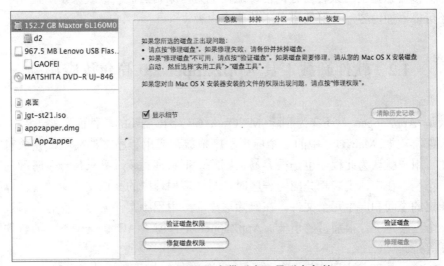

图 1-5 Mac OS 自带磁盘工具磁盘急救

2．抹掉：抹掉即为清除选定磁盘或宗卷上的所有数据。

参照图 1-5，操作步骤如下：

（1）选择左侧列表中的磁盘或宗卷。

（2）指定格式和名称。

（3）如果想要阻止恢复磁盘上已抹掉的数据，点击"安全选项"卡。其中"安全选项"卡中含有四种抹掉操作。

第一，不抹掉数据。此选项速度快，但提供最低安全性。它只会抹掉用于访问的文件的信息，不会改变文件中的数据。许多常见的磁盘恢复应用程序可以恢复那些数据。

第二，填零清除数据。此选项速度快且提供高安全性。它会抹掉用于访问的文件的信息并填零清除数据一次。

第三，7 次抹掉。此选项所花时间是"填零清除数据"所花时间的 7 倍，且符合美国国防部（DOD）安全抹掉磁介质的 5220-22M 标准。它会抹掉用于访问的文件的信息并写覆盖数据 7 次。

第四，35 次抹掉。此选项所花时间是"填零清除数据"所花时间的 35 倍，且提供最高的安全性。它会抹掉用于访问的文件的信息并写覆盖数据 35 次。

（4）单击"抹掉"按钮。

3．分区：即将磁盘分区。将硬盘分区会把它分成若干个成为"宗卷"的部分。每个宗卷作为一个单独的硬盘出现。在"分区"面板中，可以选取如何将磁盘分区、更改宗卷大小，以及更改磁盘上的宗卷数。如果目的磁盘有多个宗卷，而且其中一个宗卷的空间不足，可以采用扩大宗卷的方法，即删除磁盘上在该宗卷之后的那个宗卷，然后将该宗卷的结束点移到可用的空间，这样不会丢失任何数据。

4．RAID：即为独立磁盘冗余阵列（RAID）允许将多个硬盘组合在一起，将它们当作一个宗卷使用。根据组合磁盘的方式，RAID 磁盘阵列可以保护数据不受磁盘故障影响，加快对数据的访问速度，或增加存储容量。

5．恢复：使用"恢复"面板，可以将磁盘映像的内容或磁盘的内容传输到另一个磁盘。这些内容会覆盖磁盘上的原有内容，使该磁盘成为与原始磁盘映像或原始磁盘完全一样的副本，还可以添加内容，并保留磁盘上的原有内容。

1.2　软件卸载工具 AppZapper 2.0 简介及应用

什么是 AppZapper ？还在为删除 MAC 系统中不再需要的软件而发愁吗？

人人都喜欢把 Mac OS 中的一个应用程序拖放到应用程序文件夹中，完成对它的安装。如此，用户就认为此程序也是很容易被删除，把它拖到废纸篓只是一个时间的问题，但实际上不是。在申请安装相关应用程序时，与该应用程序的其他支持文件在计算机上也将占用一定的空间和产生冗余文件，在删除这些非应用程序文件夹的文件时，通过手工每次删除一个程序是一件很痛苦的事情。AppZapper 是目前 MAC 系统中唯一的软件删除工具，无需等待。

AppZapper 使卸载应用程序更简单。只要拖放一个应用程序到 AppZapper ，只需按一下按钮，AppZapper 则认为所有这些应用程序的文件都需要删除，并将彻底删除该应用程序的所有文件。

1.2.1　AppsZapper 应用服务的操作步骤概述

1. 安装 AppZapper 应用软件，拖动 AppZapper 应用程序到应用程序文件夹

要开始卸载一个应用程序或者多个应用程序，需要将其拖拽到 AppZapper 的图标，它会打开想要卸载的应用程序，并立即执行卸载。或者先双击 AppZapper 应用软件图标，打开 AppZapper 软件，把要删除的应用程序拖拽到 AppZapper 操作窗口中。如图 1-6 所示。

图 1-6　AppZapper 启动界面

2. 决定是否有任何文件要保留

AppZapper 会列出所有相关文件，只要取消勾选任何不希望删除的文件。还可以添加额外的应用服务将这份清单拖拽到文件列表。如果不想进行，单击取消即可。如图 1-7 所示。

图 1-7　AppZapper 应用界面

1.2.2　AppZapper 应用服务安全概述

AppZapper 提供一般窗口的安全使用方法，以确保不小心删除掉了不想删除的文件。打开 AppZapper 的一般对话框，可以看到该窗口上提供三种应用程序删除的安全服务。

观察安全列表。注意：拖动的应用程序要被删除。

1. 保持默认应用安全

检查是否为了确保预先安装的应用程序，如苹果的 iTunes 和其他程序不被删除。

2. 不断推出安全应用

检查是否为了确保已打开的应用程序不能被删除。

3. 移除音效

检查是否使移除动作发出音效。

图 1-8　AppZapper 应用服务安全界面

1.2.3　AppZapper 日志服务

AppZapper 日志提供了一个显示历史上的所有被删除掉的文件、文件夹和应用程序的服务功能，如图 1-9 所示。

1. 显示日志：从窗口菜单选择访问日志，选择查看日志后，即可看到历史上所有被删除掉的文件、文件夹和应用程序。

2. 搜索：使用搜索栏位于上方的登录窗口中搜索特定的文件。

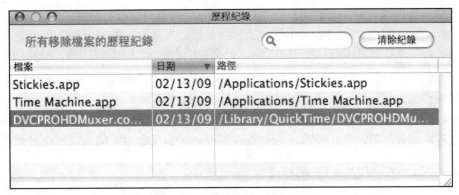

图 1-9　AppZapper 日志服务界面

1.2.4　QuickZap

QuickZap 即通过浏览类别和项目清单，快速删除任何准备删除的程序。

可以从齿轮菜单访问 QuickZap。QuickZap 可轻松删除任何程序的工具、已安装系统中无需的插件、程序，无需手动查找，只需选择其中一个想删除的文件，通过显示的类别和项目清单，AppZapper 将会处理它，具体如图 1-10 所示。

图 1-10　AppZapper 的 QuickZap 界面

1.3　杀毒软件 Norton AntiVirus 12 简介及应用

1.3.1　Norton AntiVirus 12 概述及最新功能特性

Norton AntiVirus 12 是赛门铁克公司发布的新品，支持 Mac OS X 平台的反病毒软件，对 Mac OS 平台提供最大限度的安全保护。Norton AntiVirus 12 拥有先进的漏洞保护技术，在用户上网时监视网络应用层的活动，为用户创造一个安全的环境。另外，Norton AntiVirus 12 在自动检测和清除病毒上，能有效地对用户从网络上下载的文件以及接收到的电子邮件进行扫描检测，并对用户使用的软件所形成的潜在漏洞进行保护。

赛门铁克官方报道，Norton AntiVirus 12 在性能以及杀毒引擎上有很大的改进，有着很好的兼容性，并且对系统启动速度影响小、低资源占用等特点。Norton AntiVirus 12 "暂缓扫描"功能，即当用户在频繁使用计算机时，为了不影响用户的操作，Norton AntiVirus 12 将自动暂缓扫描，等计算机空闲时自动完成未完成的扫描任务。另外，它还支持宏病毒查杀，最大限度地保护用户的文档安全。针对高级用户，Norton AntiVirus 12 还允许高级用户完全绕过应用程序手动添加反病毒扫描路径以及添加自己定制的脚本以增强其性能。

1.3.2　Norton AntiVirus 12 的特点

诺顿防病毒软件保护 Mac 电脑免受病毒和网络安全漏洞的攻击。主界面拥有状态与扫描、自动防护两种特点。

Status and Scanning（状态与扫描）：状态和扫描显示上一次病毒扫描信息、上一次软件更新信息，以及阻止网络攻击数量信息和诺顿防病毒软件授权日期，使用户清晰了解到当前诺顿对计算机保护的状态。

Auto-Protect（自动防护）：为目的文件和磁盘提供持续的病毒防护功能。

Vulnerability Protection（漏洞保护）：保护任何可以窃取用户信息或控制 Mac 用户的网络攻击。

Scheduled Protection（预定保护）：预订对整个计算机或特定文件、文件夹进行病毒扫描，自动保存 Norton AntiVirus 最新更新的病毒包和产品升级等。如图 1-11 所示：

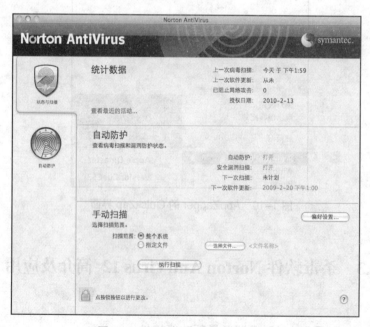

图 1-11　Norton AntiVirus 主界面

1.3.3　Norton AntiVirus 12 自动防护功能

Norton AntiVirus 12 自动防护功能有三种：自动保护、安全漏洞防护、计划任务。自动防护的目的是为 Mac 提供持续的保护，抵御威胁。我们可以自定义自动防护设置，更改自动防护处理受感染的文件，文件将如何自动保护，以及是否对可移动磁盘、媒体扫描。如果计算机上拥有一个以上的用户帐户，这些设置适用于所有用户。

　　安全漏洞防护目的是防范网络攻击。如果 Mac 连接到网络，使用因特网来获取信息时，是非常容易受到攻击的。攻击者利用安全漏洞或有安全漏洞的操作系统或程序在计算机上运行，使电脑变慢，导致程序崩溃，或使黑客对相关文件进行访问。

　　Norton AntiVirus 12 保持一份攻击签名用来探测攻击的计算机。漏洞保护不断监控网络活动，如计算机上的电子邮件和 Web 流量的迹象攻击。我们可以通过调整漏洞保护设置以满足我们期望程度的保护和通知。如果禁用保护功能的漏洞或检测某些签名，我们将离开了诺顿对计算机的保护，其他网络计算机将会对 Mac 公开攻击。

　　如图 1-12 Norton AntiVirus 12 自动防护功能。

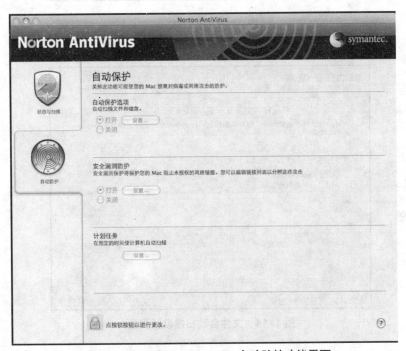

图 1-12　Norton AntiVirus 12 自动防护功能界面

　　自动保护设置：自动保护电脑免受威胁。如图 1-13，图 1-14，图 1-15 所示。设置自动保护偏好确定希望如何自动保护、监测和修理病毒感染的文件。自动保护设置步骤如下：

　　（1）打开 Norton AntiVirus 的自动保护标签中，点击锁图标进行修改。

　　（2）在验证对话框中，键入的管理员名称和密码。

　　（3）根据自动保护，单击确定。

　　（4）在自动保护区，单击配置。

　　（5）自动扫描检查文件中的病毒文件。

　　（6）自动文件扫描选项卡上，选择要的选项。

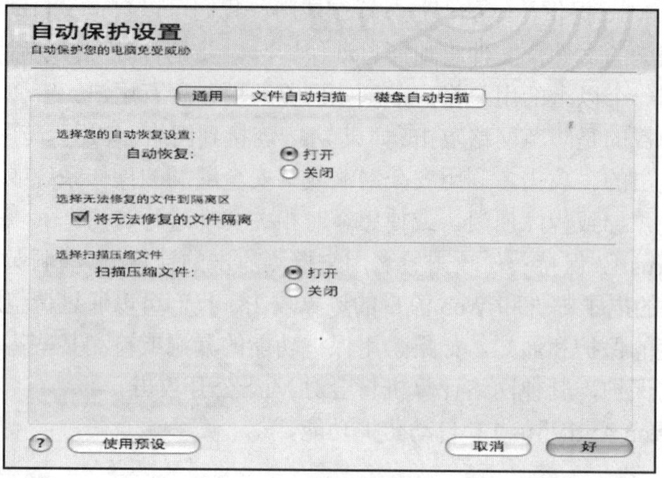

图 1-13　自动保护

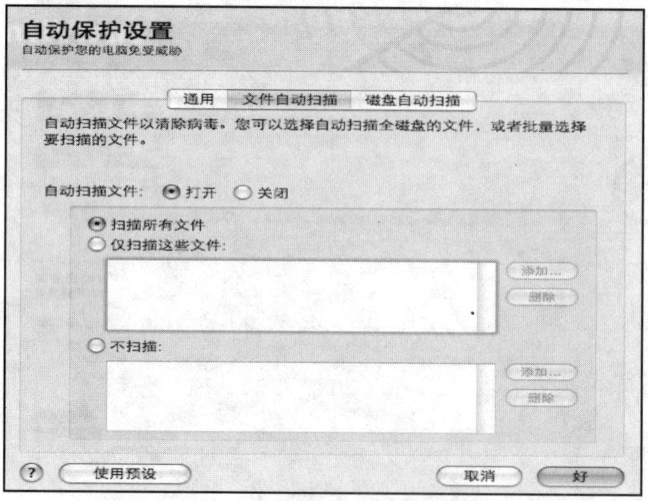

图 1-14　文件自动扫描设置界面

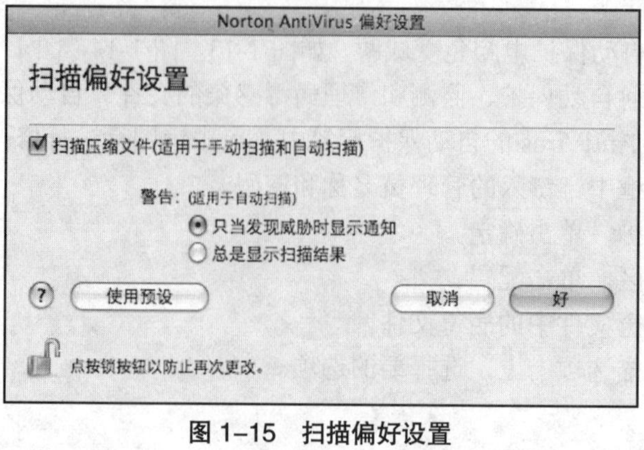

图 1-15　扫描偏好设置

1.4　压缩解压缩软件 StuffIt Deluxe 15 简介及应用

1.4.1　StuffIt Deluxe 15 简介及其特性

StuffIt Deluxe 可以说是 Mac 经典的压缩解压套装软件。

StuffIt Deluxe 15 加入了新的压缩引擎，在压缩 MP3 音频文件、高画质影像文件（PDF、TIFF、PNG、GIF 及 BMP 等）格式下，可改善 StuffIt X 文件格式的效率，可压缩 24-bit 的影像而不降低影像品质，以及压缩 MP3 档而不损坏音质。StuffIt 的文件管理功能也可以搜寻、预览与存取封存的资料，它会显示封存档中影像的预览缩图，无须先解压缩才能观看。

StuffIt Deluxe 15 现在可压缩 Pages、Numbers 或 Keynote 文件内嵌的任何影像或音讯片段。系统需求为 Mac OS X 10.6 或更新版本。

StuffIt Deluxe 是第一个结合 Allume 公司革命性新图像压缩技术的软件，可以把压缩的 JPEG 图片再压缩 30%而不会有任何质量损失。现有的压缩技术，比如 zip 等都不能压缩 JPEG 图片，而 StuffIt 的新技术使用一个更有效的方法重新计算 JPEG 数值，在不损害图片质量的情况下，再压缩 JPEG 图片。

StuffIt Deluxe 15 也同时对图片存储的方式进行了重要改进。当 JPEG 图片被添加到压缩文件时，StuffIt 对图片进行压缩的同时，也存储了图片的小缩略图，用户就可以快速地浏览压缩文件中的图片而不需要进行解压缩。StuffIt Deluxe 15 含有很多独特的功能，如 ZipMagic、整合的 CD 和 DVD 刻录功能、病毒保护、查找文件、备份文件、关联整合、互联网特性等。

ZipMagic：StuffIt Deluxe 15 中包含一个 Windows XP 兼容版本的 Zip Magic 专利技术。ZipMagic 是一个可以使 Windows 浏览器或其他应用软件直接查看 zip 文件内容的驱动程序。它可以使用户如同操作普通文件夹中的文件一样，直接操作 zip 压缩文件中的内容。用户可以使用应用程序直接打开 zip 中的文件，修改并直接保存在 zip 中，都不用进行解压缩的过程。

整合的 CD 和 DVD 刻录功能：现在的 StuffIt 整合了 CD 和 DVD 的刻录技术，创建压缩文件和刻录这些压缩文件都可以简单的一步实现。压缩成的文件格式是 StuffIt X（.sitx），它包含的"巧妙分割 smart-segmenting"功能可以把巨大的文件分割压缩成几个文件分别刻录到多张光盘中；同时结合 StuffIt 的"磁盘索引（disk index）技术"，用户可以创建一份光盘的内容索引表，在用户不使用电脑时，也可方便地查询浏览光盘内容目录。

病毒保护：StuffIt 与已安装的病毒软件（比如诺顿等）一起配合，会自动对打开的压缩文件进行病毒扫描。除了上述新特性以外，StuffIt Deluxe 15 提供了许多特性来加强对压缩数据的管理。

查找文件：StuffIt 通过 ArchiveSearch 功能，查找硬盘和其他移动磁盘上的压缩文件；再通过 Disk Index 功能，可以把查找范围扩大到存储在备份媒介上的文件。

备份文件：StuffIt 可以定时完成用户制定的压缩备份任务，而且甚至可以定时完成刻录 CD、DVD 或备份至远程 FTP 服务器。

关联整合：StuffIt 可以让用户直接通过鼠标右键的关联菜单完成压缩任务。还可以直接在 Microsoft Office 的软件中使用 StuffIt。

互联网特性：StuffIt Deluxe 可以让用户使用软件自带的 FTP 客户端程序把压缩文件上传到远程 FTP。

服务器上，若使用自带的 Email 客户端把压缩文件发送给自己的朋友们，整个过程非常容易、简单。StuffIt 独特的 StuffIt X（.sitx）文件压缩格式是 Allume 公司的创新。StuffIt X 包含所有的功能中，能把已压缩的 JPEG 图片再次大幅度压缩的功能是所有用户盼望的技术，是 StuffIt X 才能做到的技术。StuffIt 还有内建的加密技术，可以支持长至 512 位的编码；StuffIt X 有独特的恢复技术，可以修复已损坏的压缩文件。总的来说，StuffIt X 可以让用户创建安全的压缩文件，并可以把它通过网络进行传输，或最长时间的保存。

1.4.2　StuffIt Deluxe 15 安装与应用

首先准备好 StuffIt Deluxe 15 安装包，双击打开 StuffIt Deluxe 15 安装包，依次按照安装要求逐步安装，如图 1-16，图 1-17，1-18 所示完成 StuffIt Deluxe 15 的安装工作。

图 1-16　StuffIt Deluxe 15 的安装器

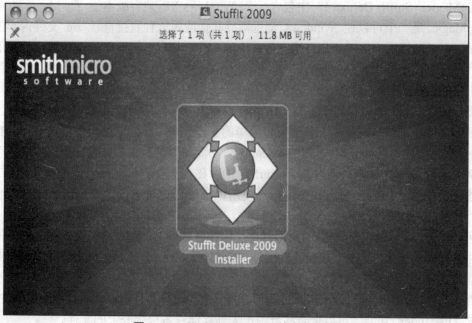

图 1-17　StuffIt Deluxe 15 的安装界面

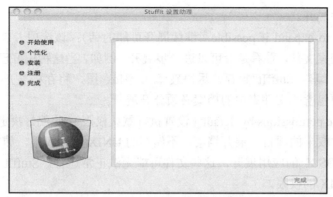

图 1-18　StuffIt Deluxe 15 安装完毕

以下图 1-19 所示即为 StuffIt Deluxe 15 所包含的具有各自特性的启动文件。

图 1-19　StuffIt Deluxe 15 启动图标

通过对 1.4.1 StuffIt Deluxe 15 的功能特性的了解，下面我们从展开器，归档管理器分别对其特性做详细介绍，以使用户对 StuffIt Deluxe 15 更加熟悉。

1．StuffIt Deluxe 15 展开器：

（1）Expansion Preferences（展开）：以确定 StuffIt 如何展开已经存档或编码的文件，如图 1-20 所示。

图 1-20　StuffIt Deluxe 15 展开器

（2）Automatically expand archives in...（自动扩展档案文件）：该设置用于设置一个特殊的 StuffIt 文件夹，定期展开扫描的项目。任何放置在指定的文件夹内的压缩，存档，或编码的文件将自动展开。

（3）Continue to expand if possible（继续展开可能的话）：该选项卡启用后，StuffIt 扫描压缩或编码的档案文件，看看是否可以进一步展开。例如，当这种偏好已启用，和 StuffIt 展开遇到 BinHex 编码 StuffIt 封存，尽快破译 BinHex 层，将存档展开。注：档案、压缩和编码的文件中包含的文件夹中的档案必须分开展开。

（4）Set execute permissions by default（设置执行默认权限）：此偏好决定是否 StuffIt 展开应设置执行文件权限的项目，展开档案，不储存的 UNIX 文件权限，如邮编。如果取消选中此框，MAC OS X 的应用展开，这些文件可能无法正常运行。StuffIt X 文件（.sitx）的目的是维护 UNIX 的权限。

（5）Mount disk images（Mount 磁盘映像）：当此偏好已启用，StuffIt 将尝试展开挂载磁盘映像文件（从而出现了"虚拟磁盘"）。苹果的磁盘工具是用来装载图像的。

（6）Delete after expanding（展开后删除）：当启用时，文件将被删除后，包含的成功提取的文件。此选项卡需谨慎使用！如果存档或压缩文件已损坏，或在展开时发生任何错误，该文件可能仍然未被删除，可以尝试将它展开，然后将之前替换即可。

（7）Scan for viruses using（扫描病毒）：StuffIt 展开器，可以自动扫描文件，使用已经安装在机器上的防病毒软件，提取档案和编码的文件进行病毒扫描。StuffIt 展开器支持 Virex、诺顿等。

（8）Destination Preferences（目标位置）：即展开器需要展开文件的目标位置，如图 1-21 所示。

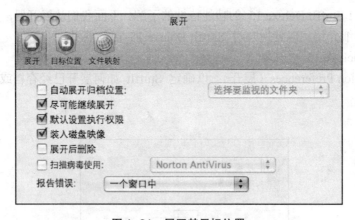

图 1-21　展开其目标位置

① 至与归档相同的文件夹中：选择此选项后，文件将被保存到相同的位置存档，压缩文件，或编码的文件从此展开。这是默认设置。

② 到特定位置：选择此选项后，StuffIt 展开器将提示指定位置的文件应予以展开。

③ 合并到一个指定的位置：使用此选项指定一个位置，用于每次 StuffIt 展开保存文件。

④ File Mappings（文件映射）：双击 Finder 后可以判断单独的档案或编码的文件格式。

2. StuffIt Deluxe 15 归档管理器：归档管理器可以有选择性地提取文件。如图 1-22 所示。

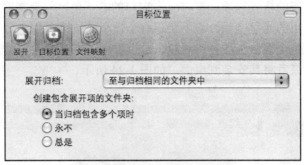

图 1-22　StuffIt Deluxe 15 归档管理器

　　归档管理可以采集包含任何类型的档案。使用此功能，可以使用归档管理作为一个项目管理工具来跟踪所有文件和文件夹。StuffIt Deluxe 15 归档管理器改进了集合列表，并且还带有一些预先定义的集合，可以将建立的"类别"和团体集合在一起。

　　归档管理还提供添加自定义、编辑自定义搜索、移去自定义搜索功能，为管理一个特定的文件或文件夹提供了搜索查找管理带来极大的方便。如图 1-23 所示。

图 1-23　StuffIt Deluxe 15 归档管理器搜索功能

1.5　刻录软件 Toast Titanium 10 简介及应用

　　PC 机上刻录软件为 NERO ，而苹果机下面刻录软件则为 Toast 最好，Toast 俗称"烤面包机"。在 2010 年 3 月 Roxio 公司将 Toast Titanium X 推升至 11 版，并推出 Toast Titanium 11.0.1 版。Toast Titanium 10 版解决了若干关于高清晰影音来源内容与蓝光光盘片制作的编码问题，并修正蓝光光盘片无法在 PS3 游戏机上播放以及关于 TiVo 影音内容同步的问题。随后 Roxio 公司推出 Toast Titanium X 10.0 版，支持大文件的多磁盘刻录，影片及 DVD 刻录；刻录伴有 TV 选单的可播放长达 50 小时的数码音乐 CD；将 DivX 文件装入 DVD；创建多画面 HD 幻灯演示。

　　在 Toast 主窗口的左上端有五个页签，分别是 Data、Audio、Video、Copy 和 Convert ，

并且每个页签都有相应的格式选项。在 Toast 窗口的右下角，与录制键一起，有一个指示器可显示占用的和可用的光盘空间。右下角还有个较小的按键，用它可以在已进入的各刻录机中进行选择，这是个很恰当的省时途径。这个程序可以事先关掉验证功能，还可以顶出已刻录完成的光盘或者将其安装到桌面。如图 1-24 所示。

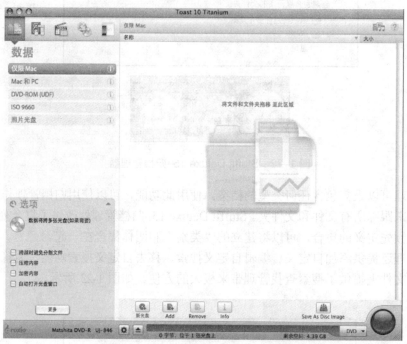

图 1-24   Toast Titanium 10.0 主窗口

下面我们就分别按照 Toast 主窗口的左上端的五个页签介绍 Toast 的功能及其使用方法。

1.5.1   Data（数据）

数据页签下含有五个选项：

1．仅限 Mac：创建由任意 Mac 可读取的数据光盘。

2．Mac 和 PC：创建由任意 Mac 或 Windows PC 可读取的数据光盘。

3．DVD-ROM（UDF）:从 VIDEO_TS 文件夹创建 DVD 视频光盘，并添加附加 ROM 内容。

4．ISO 9660：创建一个 ISO 9660 格式化磁盘。

5．照片光盘：创建跨平台照片光盘，带有全分辨率并可自动生成幻灯片显示。

通过简单介绍数据页签下的五个选项卡，我们现在做一个简单的例子，刻录一张 DVD 光盘，其中含有几张图片。步骤如图 1-25、1-26 所示。

我们可以拖动图片至我的光盘，也可以通过主窗体正下方的"Add"选项卡添加需要刻录的文件。另外，在我们没有刻录之前，可以通过 Save As Disc Image 选项卡将需要刻录的文件保存成镜像文件到存储器上。

图 1-25　添加刻录文件选项卡

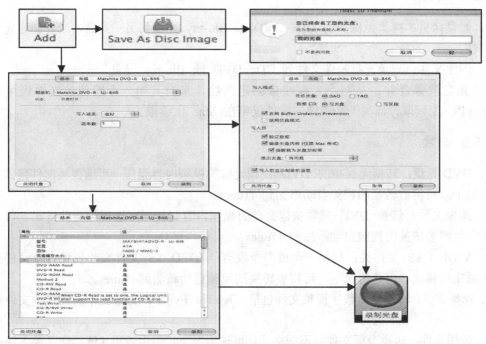

图 1-26　刻录数据光盘操作步骤

1.5.2　音频刻录

1．音乐光盘：创建可在家庭、便携式或汽车立体声中播放的音乐光盘、应用效果，例如交叉淡出和音量规格化，或者添加 CD 文本。

2．音乐 DVD：创建可在标准 DVD 播放程序或 DVD 播放机上播放的音乐 DVD，通过影片类 DVD 菜单导航可包含高达 50 小时的音乐。

3．MP3 光盘：创建可以在家庭、便携式或汽车立体声 MP3 光盘播放器和其他设备中播放的 CD 或 DVD。

4．增强的音乐光盘：创建带有 MAC 或 Windows PC 中可访问的音频曲目以及附加数据内容的 CD。

1.5.3　视频刻录

1．DVD 视频：创建带有高达 4 小时视频的 DVD 视频光盘，可在 DVD 播放机或使用 DVD 回放软件的 Mac 和 Windows PC 上回放。

2．Blu-ray 视频：创建可在众多 Blu-ray 播放程序中播放的蓝光（BDMV）视频光盘，其高清视频可在 Blu-ray 媒体上持续 2 小时，在标准 DVD 媒体上持续大约 20 分钟。

3．VIDEO_TS 文件夹：从现有的 VIDEO_TS 文件夹中创建一个或多个 DVD 视频光盘。压缩和自定义选项可用。

4．VIDEO_TS 选集：编译现有 VIDEO_TS 文件夹并刻录到单张 DVD 视频光盘。

5．BDMV 文件夹：从现有的 BDMV 文件夹中创建 Blu-ray（BDMV）视频。

6．AVCHD Archive：从 AVCHD 摄像机保存视频到 DVD 或 Blu-ray 媒体上。

1.5.4　拷贝

1．光盘拷贝：拷贝无保护的 CD、DVD 或 Blu-ray 光盘到另一光盘，或者创建光盘映像文件。

2．图像文件：刻录光盘映像文件到 CD、DVD 或 Blu-ray 光盘。

3．光盘映像合并：从两个光盘映像创建光盘，来自其中一个映像的文件仅可在 Windows PC 上读取，而另一个映像的文件仅可在 Mac 上读取。

1.5.5　转换

1．DVD 光盘：转换无保护的 DVD 视频光盘的视频内容到任一可选视频文件格式。可选情况下，可将被转换的视频自动添加到 iTunes。

2．图像文件：转换 DVD 视频映像文件的视频内容到任一可选视频文件格式。可选情况下，可将被转换的视频自动添加到 iTunes。

3．VIDEO_TS 文件夹：转换一个或多个现有 VIDEO_TS 文件夹的视频内容到任一可选视频文件格式。可选情况下，可将被转换的视频自动添加到 iTunes。

4．视频文件：转换任何数字视频文件包括 Tivo 和 Eye TV 记录到不同的视频文件格式。

5．音频文件：转换音频文件到不同格式。可选情况下，引用效果（例如交叉淡入淡出和音量规格化）或自动输出到 iTunes。

6．Audiobook：用多发性 Audiobook CD 的音频文件书签，有选择地发送到 iTunes，并同步到方便的 iPod 等设备上。

第 2 章 办公软件

iWork'09

改进新闻简报、更漂亮的演示文稿，还有便捷的电子表格。原来工作也是一种享受。

2.1 Pages 文字处理工具

Pages 是一款文字处理和页面排版工具，可帮助创建美观的文档、简讯、报告等诸多内容。Pages 内装超过 180 种 Apple 设计的模板，包括专业水准的履历、宣传册、学校报告或邀请卡供取用。可使用模板选取器来快速浏览、预览并调整每个缩略图的大小。在文本占位符中添加自己的文字。使用媒体浏览器将照片直接从 iPhoto 图库放入图形占位符。就这样，在短短几分钟内就能做出设计美观、品质专业的文稿。

任何文字处理软件都能帮用户打字。Pages 却能帮用户进行创作并提高工作效率。现在可以全屏查看文档，轻点一下，屏幕立刻不再杂乱，用户可以不受干扰地专心写作。

2.1.1 Pages 文字处理的最新功能

信纸、新闻简报、履历、小册子、报告、提案、名片——不论编写什么，Pages 都提供简单易用的功能，让用户以一种直观的方式创建漂亮且包含丰富媒体的文档如图 2-1。

图 2-1　强大的文字处理和页面布局

功能强大的文字处理和页面布局：精确的文字处理模板和多项可用性改进使得创建好看的文稿变得更容易。创建信函、传单、海报、名片、小册子、简报轻松便捷。将图像和文本置于自由格式图形画布上的任何位置。旋转和移动对象，将效果应用于图像以及在视觉上链接文本框以按照想要的方式来讲述故事。

图 2-2　文本关联的格式栏

文本关联的格式栏如图 2-2：上下文关联的新格式栏总是把最合理的工具放在手边。使用新的关联格式栏来快速格式化文本，更改表格或给图表添加效果。

跟踪修改如图 2-3：多个作者可协作进行文稿修改。编辑的内容，将以作者指定的颜色和侧栏中的更改说明来标记。页面缩略图会以高亮度显示已被更改的区域，从而可以容易地跳到需要注意的章节。

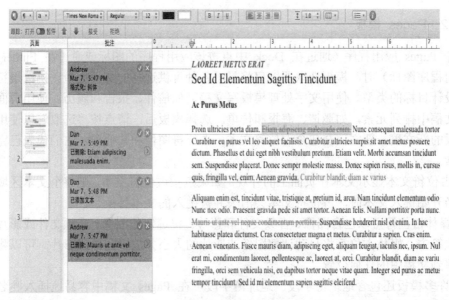

图 2-3　跟踪修改

　　媒体浏览器：媒体浏览器提供了对 iPhoto 库、iTunes 库和 Movies 文件夹内所有媒体文件的访问。利用强大的图形工具可以调整图像、添加画框或遮罩、或者去除背景。可以将选定对象从媒体浏览器拖到页面或检查器中的图像池如图 2-4。打开"媒体浏览器"的方法如下：在工具栏中点按"媒体"；选取"显示">"显示媒体浏览器"。

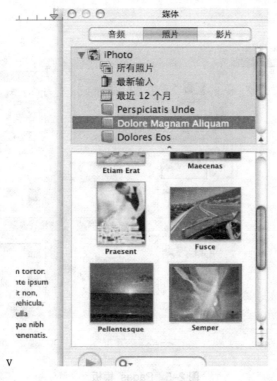

图 2-4　媒体浏览器

2.1.2　Pages 模板

打开 Pages 应用程序（通过在 Dock 中点按该应用程序的图标或通过在 Finder 中连按该应用程序图标）时，模板选取器窗口将显示各种可供选择的文稿类型。挑选最符合的目的和设计目标的类型。使用文字处理模板写文稿，如信件、报告和履历。使用页面布局模板在文稿中排列元素，如邀请、海报和传单。选择模板后，请点按"选取"以使用基于所选模板的新文稿。新文稿会包含占位符文本、占位符图像和其他项，它们代表已完成文稿的元素。

1．占位符文本显示文本在页面上的外观。如果点按占位符文本，则整个文本区域会被选定。当开始键入文本时，占位符文本会消失并被键入的文本替换。

2．媒体占位符可以包含图像、音频文件和影片。将选定的图像、音频文件或影片拖移到该占位符中。媒体占位符将自动调整图像或影片的大小并放置图像或影片。可以将媒体文件拖移到文稿中的任何位置。

3．许多模板还包含地址簿字段。地址簿字段可在 Pages 文稿中容易地插入姓名、电话号码、地址。通过将特定联系人的数据插入文稿中的地址簿字段，可以重复使用文稿（如信件或通讯录）以用于多个联系人。有时页面上会出现某些图形，如水印或标志。这些对象称为母版对象。如果不能选择模板中的某个对象，它可能是母版对象。可以在页面上拖移或放置对象，包括导入的图形、影片和声音或者在 Pages 中创建的对象，如文本框、图表、表格和形状。也可以插入已针对使用的模板进行预格式化的页面。在工具栏中点按"页面"或"节"并选取模板页面。新页面立即被添加到放置插入点的页面位置的后面如图 2-5。

图 2-5　Pages 模板

2.1.3　Pages 工具

1. Pages 样式抽屉

创建文稿时，每个模板都附带一个可供选取样式的预置样式集，它可以将想要的某种文本样式用于每个章节标题、标题、项目符号列表和正文段落。样式抽屉会列出和提供所使用的模板中的全部文本样式的预览，因此可以轻松地创建、自定和管理它们。以下是打开样式抽屉的几种方法：

（1）在工具栏中点按"显示"，然后选取"显示样式抽屉"。

（2）在格式栏中点按样式抽屉按钮。

2. Pages 工具栏

点按一次即可进行在处理文稿时将会使用的许多操作。当在 Pages 中工作并逐渐了解哪些操作最常用时，可以排列工具栏按钮自定义工具栏以选择适合的工作风格。查看有关按钮可以实现的功能的描述，请将指针停放在该按钮上。

（1）要自定义工具栏。

（2）选取"显示">"自定工具栏"或按住 Control 键并点按工具栏，然后选取"自定工具栏"。出现"自定工具栏"表单。

（3）根据需要更改工具栏。

（4）要将某个项添加到工具栏中，请将它的图标拖到顶端的工具栏中。

（5）要从工具栏中去掉某个项，请将它拖出工具栏。

（6）要恢复默认工具栏按钮集合，将默认集合拖动到工具栏中。

（7）要使工具栏图标更小，请选择"使用小尺寸"。

（8）要仅显示图标或文本，请从"显示"弹出式菜单中选取一个选项。

（9）要重新排列工具栏中的项，请拖移它们。完成操作后，请点按"完成"。

（10）不使用"自定工具栏"表单也可以执行几种工具栏的自定操作：

① 要从工具栏中去掉某个项，请按住 Command 键并将该项拖出工具栏。

② 也可以按住 Control 键点按该项，然后在快捷菜单中选取"删除项"。

③ 要移动某个项，请按住 Command 键在工具栏中四处拖移它。

（11）要显示或隐藏工具栏，请选取"显示">"显示工具栏或视图">"隐藏工具栏"。

使用工具栏下面显示的格式栏可以快速更改文稿中文本、样式、字体和其他元素的外观。

3. Pages 格式栏

控件随所选对象的不同而变化，查看"格式栏"中控件的功能说明，将指针停留在控件上即可。显示、隐藏格式栏：选取"视图">"显示格式栏或视图">"隐藏格式栏"。

4. 键盘快捷和快捷菜单

键盘快捷，可以使用键盘执行许多 Pages 菜单命令和任务。要查看完整的快捷列表，请打开 Pages 并选取"帮助">"键盘快捷"。

在快捷菜单中可以使用许多命令，可以直接从正在处理的对象中访问它们。快捷菜单尤其适用于表格和图表。要打开快捷菜单：按住 Control 键点按文本或一个对象。

2.1.4　使用 Pages 工具窗口

1．检查器

可以通过使用检查器窗口中的面板，格式化大多数元素，包括文本外观、图形的大小和位置等，打开多个检查器窗口可以让处理文稿更容易。例如，如果打开了图形检查器和文本检查器，则工作时，将可以使用所有文本和图像格式化选项。将指针停放在检查器面板中的按钮和其他控制上，以查看有关控制可以实现的功能的描述。打开"检查器"窗口的方法如下：

（1）在工具栏中点按"检查器"。

（2）选取"显示">"显示检查器"。

（3）点按检查器窗口顶部的一个按钮，将显示特定检查器，将指针停放在按钮上以显示其名称。例如：点按左边的第五个按钮会显示图形检查器。

（4）要打开另一个检查器窗口，请按住 Option 键并点按一个检查器窗口按钮。

2．媒体浏览器

为提供的 iPhoto 库、iTunes 库和 Movies 文件夹内所有媒体文件的访问。可以将选项从媒体浏览器拖到页面或检查器中的图像池。打开"媒体浏览器"的方法如下：

（1）在工具栏中点按"媒体"。

（2）选取"显示">"显示媒体浏览器"。

3．颜色窗口

使用"颜色"窗口为文本、对象和线条选取颜色。

4．字体面板

使用"字体"面板（可以从任意应用程序访问），可以更改字体的字体样式、大小和其他选项。要打开"字体"面板，在工具栏中点按"字体"。

5．警告窗口

将文稿导入到 Pages 文稿中时，有些元素可能不会如预期的那样传输，警告窗口会列出遇到的任何问题。在其他情况下（例如，将文稿存储在较早版本的应用程序中），也可能会接收到警告。

（1）如果遇到问题，将会看到一条信息，让人检查警告内容。如果选择不查看警告，则可以通过选取"显示">"显示文稿警告"来随时查看文稿警告窗口。

（2）如果看到关于丢失字体的警告，可选择警告并点按"更换字体"来选取一种替代字体。

（3）可在"文稿警告"窗口中选择一个或多个警告，然后选取"编辑">"拷贝"，对其进行拷贝。

接着，可以将拷贝的文本粘贴到电子邮件、文本文件或一些其他文稿中。

6．搜索和引用工具

使用搜索和引用工具查找硬盘驱动器中的文件、检查文稿信息并在选定的文本中查出词语定义或详情。以下是访问搜索和引用工具的几种方法：

（1）要在硬盘驱动器上查找文件，请选择与要查找的文件相关的文本，然后选取"编辑">"书写工具">"在 Spotlight 中搜索"。

（2）要显示文稿信息，请选取"编辑">"书写工具">"显示统计数据"。

（3）要快速查找词语定义，请选择要引用的词语，然后选取"编辑" > "书写工具" > "在字典和词典中查找"。

（4）要在 Internet 上搜索信息，请选择要调查的文本，然后选取"编辑" > "书写工具" > "在 Google 中搜索"或"编辑" > "书写工具" > "在 Wikipedia 中搜索"。

2.1.5　处理 Pages 文稿

1．使用文字处理和页面布局模板

文字处理模板最适用于以文本为主的文稿（例如信函和报告）。

对于比较强调布局的文稿（例如请柬和邀请），页面布局模板最有用。

2．创建、打开和导入 Pages 文稿

在创建新的 Pages 文稿时，选择一个模板来提供该文稿的初始格式。通过将文本、图像和其他对象添加到新的文稿来对其进行扩展。也可以通过导入在其他应用程序（例如 Microsoft Word ）中创建的文稿来创建新的 Pages 文稿。

3．存储文稿

当创建 Pages 文稿时，所有图形和任何图表数据均包含在该文稿中，可以将它从一台电脑移到另一台电脑。然而，字体不作为文稿的一部分包含在其中。如果要将 Pages 文稿传输到另一台电脑，请确定该电脑的 Fonts 文件夹中已安装了文稿中所使用的字体。

4．使用跟踪修改

使用跟踪修改，可以监控用户或他人对文本、字符格式或段落样式所做的修改。跟踪修改开启后，可以看到：

（1）在文稿正文、页眉、页脚、形状和文本框中添加、删除、编辑或替换的文本；

（2）内联添加或删除的表格、图表和形状；

（3）段落的添加内容、删除内容或替换内容；

（4）具有样式更改的文本；

（5）字符和段落格式更改；

（6）新建或删除的超链接、地址簿栏、占位符或书签；

（7）新建或删除的目录；

（8）显示在缩略图显示中的编辑。

5．使用批注

使用批注，可以在不变更文稿的情况下对文稿或文稿的某些部分添加注解。批注对于记笔记、向审阅者询问问题、传达编辑建议等是有用的。通过放置插入点或选择词语或对象来标识文稿中要应用批注的部分。文稿中与批注相关联的部分称为批注锚。

以下是管理批注的几种方法：

（1）要给文稿添加批注，请在工具栏中点按"批注"或选取"插入" > "批注"。

（2）在出现的批注气泡中，键入批注。为配合文本，批注气泡的大小会增大或缩小。

（3）要修改批注，请在批注气泡中点按，然后对其进行编辑，就像编辑文稿中其他位置的文本和对象一样。

（4）可以使用字符和段落样式来修改文字的外观。

（5）要删除批注，请点按批注气泡右角中的删除按钮。

（6）要显示批注，请点按显示按钮，然后选取"显示批注"。

（7）如果跟踪修改已打开，则与当前版本关联的所有批注和修改气泡将在"批注"面板中可见。

（8）如果看不到批注，则插入一个批注会显示所有批注。

（9）要隐藏批注，请点按显示按钮，然后选取"隐藏批注"。

（10）要打印批注，请选取"文件" > "打印"。打印的页面会被调整，以给批注腾出空间。

6．使用地址簿栏

可以将任何为地址簿中的联系人定义的数据插入到 Pages 文稿。还可以插入某人发送的虚拟地址卡（vCard）中的数据。这样，就可以对多个人重复使用信件、合同、信封或其他文稿。此功能有时称为邮件合并。当 Pages 文稿包含地址簿栏时，联系人数据会自动插入到地址簿栏中。地址簿栏会识别要插入哪些地址簿或 vCard 数据以及要插入的位置。

7．设计文稿

文稿的布局和样式、文本的外观、图形和其他媒体的使用都会影响文稿的效果。

2.1.6　处理 Pages 文稿的各个部分

1．设定页面方向和大小

默认情况下，大部分 Pages 模板是以标准纸纸张大小创建的，其文本打印方向是纵向（垂直）。如果文稿需要不同的纸张大小或横向（水平）打印，则应在开始就设定好纸张大小和方向。若开始没有设定好页面方向及大小，可以打开"文件" > "页面设置" > "页面设置"对话框，对设置、格式、纸张大小、打印方向、缩放比例等可以进行重新设置，或点按"检查器"，点按文稿检查器按钮，然后点按"文稿"，点按"页面设置"。

2．设定文稿页边空白

每个文稿都有页边空白（文稿内容和纸张边缘之间的空白）。当使用布局显示时，这些页边空白在屏幕上以亮灰色线条表示。要显示布局显示，请在工具栏中点按"显示"，然后选取"显示布局"。大部分 Pages 模板（包括"空白"）的默认页边空白被设定为页面左边和右边各有一英寸宽，顶部和底部各有一英寸高。这意味着，文稿正文将不会扩展到这些页边空白的外侧。

要更改页边空白：

（1）在工具栏中点按"检查器"，点按"文稿检查器"按钮，然后点按"文稿"。

（2）在"左边"、"右边"、"顶部"和"底部"栏中输入值。

3．使用分页符

可以插入分页符，使特定段落总是在新页面上开始，使某些段落始终保留在相同的页面上等。在插入分隔符时，Pages 会插入一个特殊的格式化字符，称为不可见元素。每次按下空格键、Tab 键或 Return 键或者添加栏、布局、分页符或分节符时，Pages 会在文稿中插入一个格式化字符。这些格式化标记称为不可见元素，因为在默认情况下，看不到它们。使格式化字符可见通常很有用，尤其在应对格式化较复杂的文稿时。例如，通过选择不可见元素并按下 Delete 键去掉格式，可以更改文稿格式。

要看到不可见元素：

（1）在工具栏中点按"显示"，然后选取"显示不可见元素"。

（2）要使不可见元素更突出，可以更改其颜色。选取"Pages">"偏好设置"，点按"通用"，点按"不可见元素"颜色池，然后选择一种颜色。

4．使用布局

在 Pages 中，可以更改页面布局文稿的页面设计，方法是在文本框内创建栏。也可以更改文字处理文稿的页面设计，方法是通过由布局分隔符分隔的布局。在文字处理文稿中，布局由布局分隔符分隔。布局是文稿的一部分，在其中定义了特定的栏属性和栏周围的间距（称为布局页边空白）。可以在文稿的一节或甚至单个页面中设定多个布局。

5．使用左右双页

如果打算双面打印某个文稿并进行装订，该文稿将有左右双页。这些文稿的左页和右页通常有不同的内外页边空白。例如，可能希望将要装订的文稿的内页边空白宽于外页边空白。如果文稿包含节（例如章），当想要将页码放置在每页的外角时，可以对左页和右页使用不同的页眉或页脚。定义双页的页边空白：使用文稿检查器，为左右双页设置不同的页边空白。方法如下：

（1）点按工具栏上的检查器，点按文稿检查器按钮，然后点按"文稿"。

（2）文稿页边空白选择"双页"。

（3）设定内外页边的空白。内页面空白是左页或右页中将要装订的边。外页边空白是处于左页或右页边缘的边，如图 2-6。

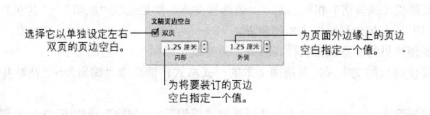

图 2-6　定义双页的页边空白

定义双页的页眉和页脚：在文字处理文稿中，如果文稿使用节，如当想要页码显示在页脚的外边缘时，可以对左页和右页设置不同的页眉和页脚。

要为节中的双页设置页眉和页脚如图 2-7：

（1）在节中点按并选择。

（2）在工具栏中点按"检查器"，点按"布局检查器"，然后点按"节"。选择"左页和右页不同"。

（3）取消选择"使用前面的页眉与页脚"。

（4）在节的某个左页中，定义想要用于节中所有左页的页眉和页脚。

（5）在节的某个右页中，定义想要用于节中所有右页的页眉和页脚。

（6）如果要节的首页有一个独特的页眉或页脚，请选择"首页不同"，并在节的首页中定义页眉和页脚。

图 2-7　定义双页的页眉页脚

6. 使用母版对象（重复的背景图像）

可能想要添加会显示在文字处理和页面布局文稿中每页相同位置的水印、标志或其他背景图像。这些重复的图形称为母版对象。如果文稿分为多个节，可以在每个节中放置不同的母版对象。在一个节内部，可以在节的首页、左页和右页分别放置不同的母版对象。

2.1.7　处理 Pages 文本

1. 处理文本

添加文本的方法包括在空白文字处理文稿中键入文本、替换占位符文本、使用文本框和列表、在形状中放入文本等。

以下是编辑文本的几种方法：

（1）要拷贝（或剪切）和粘贴文本，请选择文本，然后选取"编辑">"拷贝"或"编辑">"剪切"。点按想要粘贴文本的位置。

（2）要使拷贝的文本保留其样式格式，请选取"编辑">"粘贴"。

（3）要使拷贝的文本采用其周围文本的样式格式，请选取"编辑">"粘贴并匹配样式"。

（4）要删除文本，请选择文本，然后选取"编辑">"删除"或按下 Delete 键。

（5）如果意外地删除了文本，请选取"编辑">"重做"以恢复它。当使用"拷贝"或"剪切"命令时，所选文本被放置在称为"夹纸板"的保留区中，文本将始终保留在那里，直至再次选取"拷贝"或"剪切"或者关闭电脑。夹纸板每次仅保留一个拷贝或剪切操作的内容。

（6）要避免因删除文本时将格式化字符一并删除所造成的对文稿格式的无意更改，最好在剪切或删除文本之前显示出格式化字符（不可见元素）。要显示不可见元素，请在工具栏中点按"显示"，然后点按"显示不可见元素"。选择文本在格式化文本或对文本执行其他操作前，必须选择想要处理的文本。

以下是选择文本的几种方法：

① 要选择一个或多个字符，请在第一个字符前点按，然后拖移鼠标以包含想要选择的字符。

② 要选择一个词语，请点按该词语。

③ 要选择一个段落，请点按该段落三次。

④ 要选择文稿中的所有文本，请选取"编辑">"全选"。

⑤ 要选择多个文本块，请点按一个文本块的开头，然后按住 Shift 键点按另一个文本

块的结尾。

⑥ 要选择从插入点至段落开头的内容，请按住 Shift-Option 并按上箭头键。

⑦ 要选择从插入点至段落结尾的内容，请按住 Shift-Option 并按下箭头键。

⑧ 要将选择范围一次扩展一个字符，请按住 Shift 键并按左箭头键或右箭头键。

⑨ 要将选择范围一次扩展一行，请按住 Shift 键并按上箭头键或下箭头键。

⑩ 要选择彼此不相邻的多个词语或文本块，请选择想要的第一个文本块，然后按住 Command 键选择附加文本。

2．查找和替换文本

可以在文稿中查找词语或短语的每个实例，并且有选择地将其更改为其他内容。

以下是查找和替换文本的方法：

选取"编辑">"查找">"查找"，点按"简单"或"高级"以设置查找 / 替换标准，然后点按一个按钮以执行查找 / 替换操作。

（1）全部替换：无需复查，自动执行查找/替换操作。

（2）替换：用替换文本替换当前所选的文本。

（3）替换与查找： 用替换文本替换当前所选的文本并立即查找下一个"Find"文本出现的位置。

2.1.8 在 Pages 中使用表格

1．添加表格

以下是添加表格的几种方法：

（1）在工具栏中点按"表格"或选取"插入">"表格"。

（2）要在页面上绘制表格，请按住 Option 键并点按工具栏中的"表格"。松开 Option 键，然后在页面上移动指针直到它变成十字。在页面上拖移以创建具有想要的大小的表格。在拖移时，行数和列数会随表格大小的变化增大或减小。要从中心调整表格大小，请按住 Option 键拖移表格。

（3）要根据现有表格中的一个单元格或多个相邻单元格创建一个新表格，请选择单元格，点按并按住选定的单元格，然后将其拖到页面中。要保留原始表格中所选单元格的值，请在拖移时按住 Option 键。

2．使用工具处理表格

使用表格工具：可以使用不同的 Pages 工具格式化表格及其列、行、单元格和单元格值。以下是管理表格特征的几种方法：

（1）选择表格，然后使用格式栏快速格式化表格。

（2）使用表格检查器以准确控制列宽及行高、添加页眉和页脚、格式化边框等。使用表格检查器的"格式"面板格式化表格单元格值。例如，可以在单元格中显示包含货币值的货币符号。

（3）还可以使用表格检查器的"格式"面板设定条件格式。例如，可以使单元格当值超过某个特定数字时变成红色。

（4）使用图形检查器创建特殊的可视效果，如阴影和倒影。要打开图形检查器，请在工具栏中点按"检查器"，然后点按图形检查器按钮。通过选择表格或单元格，然后在再次点按的同时按住 Control 键，访问快捷菜单。

（5）还可以使用表格检查器中的"编辑行与列"弹出式菜单。

（6）使用公式编辑器添加和编辑公式。

可以通过拖移其中一个选择手柄或使用版式检查器，放大或缩小表格。也可以通过调整表格的列和行的大小，更改表格的大小。在调整表格大小之前，必须先选择它，如选择表格所述。

3．处理表格大小

以下是调整已选定的表格大小的几种方法：

（1）拖移选定表格时出现的正方形选择手柄中的一个。对于文字处理文稿中的内联表格，只有右侧的活跃选择手柄可以使用。

（2）要保持表格的比例，请在按住 Shift 键的同时拖移表格来调整其大小。

（3）要从中央调整表格的大小，请在按住 Option 键的同时拖移。

（4）要朝一个方向调整表格大小，请拖移侧边手柄，而不是边角手柄。对于内联表格，只可使用右侧的活跃选择手柄。

（5）要通过指定准确的尺寸来调整大小，请在工具栏中点按"检查器"，然后点按版式检查器按钮。在此面板中，可以指定新的宽度和高度、控制旋转的角度以及更改表格与页边空白的距离。

（6）如果表格跨越多个页面，必须使用版式检查器调整表格大小。可以通过拖移来移动表格，或者可以使用版式检查器来重新定位表格。

4．移动表格

以下是移动表格的几种方法：

（1）要移动浮动表格，请选择表格，点按并按住表格中的任意位置，然后拖移表格。

（2）要移动内联表格，请点按表格以选择它，然后拖移它直到插入点出现在想要表格在文本中出现的位置。

（3）也可以选择表格，然后选取"编辑" > "剪切"。将插入点放在想要表格出现的位置，然后选取"编辑" > "粘贴"。

（4）要将移动限制为水平、垂直或 45 度，请在按住 Shift 键的同时拖移。

（5）要更准确地移动表格，请点按任何单元格，在工具栏中点按"检查器"，点按版式检查器按钮，然后使用"位置"栏重新放置表格。

（6）要拷贝表格并移动副本，请按住 Option 键，点按并按住未选定的表格的边缘，然后拖移。

5．使用工具处理表格

以下是在文本与表格之间转换的几种方法：

（1）要将文本转换为表格，请选择文本，然后选取"格式" > "表格" > "将文本转换为表格"。

（2）当 Pages 遇到段落换行时，它会创建一个新行。当 Pages 遇到制表位时，它会创建一个新列。

（3）要将表格转换为文本，请选择表格，然后选取"格式" > "将表格转换为文本"。

2.1.9　在 Pages 中处理媒体文件

1．使用媒体占位符

许多 Pages 模板都包含媒体占位符。可以拖拽自己的图像、影片和音乐文件到这些占位符中，而且这些媒体文件将自动调整大小和位置。可以通过拖移新文件到媒体占位符上的某项来轻松替换它。

以下是处理媒体占位符的几种方法：

（1）从 Finder、媒体浏览器或其他应用程序上拖移文件到媒体占位符。要打开媒体浏览器，点按工具栏的"媒体"。点按窗口顶部的一个按钮，以查找图像、音频文件或影片。

（2）更改媒体占位符的内容，拖移一个新媒体文件到现有内容上。

（3）要将占位符图像转换成图像，请选择图像，然后选取"格式"＞"高级"＞"定义为媒体占位符"（去掉注记号）。

（4）要删除占位符，请选择它，然后按下 Delete 键。

2．处理图像

Pages 接受所有 QuickTime 支持的格式，包括以下图形文件类型：

- TIFF
- GIF
- JPEG
- PDF
- PSD
- EPS
- PICT

将图像导入文稿后，可以遮罩（裁剪）图像，并更改其亮度及其他设置。可以在形状、文本框、图表元素或表格单元格中放置图像。Pages 还允许使用透明层处理图形（Alpha 通道图形）。

3．使用声音和影片

如果文稿将在屏幕上显示，就可以给它添加声音、影片和 Flash 文件。在文稿页中连按影片或声音文件的图标时，它们会播放。Pages 接受任何 QuickTime 或 iTunes 文件类型，包括以下类型：

- MOV
- FLASH
- MP3
- MPEG-4
- AIFF
- AAC

重要事项：当文稿传输到另一部电脑时，要确保影片和其他媒体可以播放和显示，请确保"将音频和影片拷贝到文稿"被选定；当选取"存储"或"存储为"后，点按栏旁的显示三角形，然后点按"高级选项"。

2.2　keynote 演示文稿

Keynote 可让运用功能强大且简便易用的工具和炫目的特效创建演示文稿。还可将幻灯片以 PowerPoint 文件格式打开、保存并电邮。

使用 Keynote 内置的强大图形工具让每张幻灯片都呈现出最佳面貌。即是 Alpha 工具能够快速有效地清除图片的背景，或者以预先画好的形状，如圆形或星形将其遮罩。使用对齐和间距参考线，可以很容易地找到幻灯片的中心，以确认对象是否对齐。添加到幻灯片中的任何对象，包括图像、文本框或形状都能够精确地摆放在理想的位置上。如果用户需要添加流程图或关系图，一定会喜欢连接线功能。连接线始终被锁定在对象上，对象移动时，其间的连接线也会随对象一起移动。

Keynote 内置超过 25 种过渡效果，甚至包括部分 3D 过渡效果，足以将观众的目光锁定在屏幕上。在重复的对象如公司标识上添加神奇移动功能，该对象便能在连续的几张幻灯片中自动变换位置、大小、透明度及旋转角度。

可以为幻灯片中的文本和对象添加动画效果，让所要表达的观点更加鲜明有力。比如将幻灯片中的文字进行渐变、融合并转换成下一张幻灯片的文字；让幻灯片中的内容分文本行、表格行或者图表的区域逐一显示，或者一次性从左边进入观众视线或旋转舞入。还可以对效果进行微调，包括调整动画的持续时间以及各个动画效果的先后次序，并规定动画的直线或曲线路径等。

借助预演幻灯片显示功能，让演示的节奏更自然流畅。观众在主屏幕上欣赏演示的同时，用户可以在次屏幕上看到当前和下一张幻灯片、讲演者注释，以及时钟和计时器。即使不能亲自到场，演示也能正常进行。可以利用 Keynote 内置的旁白工具录制画外音，并设定好时间以配合幻灯片中的动画，以及幻灯片之间的过渡效果。

Keynote 提供多种方式来分享演示文稿。可以打开 Microsoft PowerPoint 文件，也可将创建的 Keynote 文件存为 PowerPoint 格式。还可以将演示文稿输出成 QuickTime 影片、PDF、HTML 或图片格式。Keynote 自动转换文件格式。

2.2.1　创建 Keynote 文稿

创建一个新的 Keynote 文稿：

如果 Keynote 尚未打开，点按 Dock 中其图标或在 Finder 中连按其图标。

在主题选取其中，选择一个主题，然后"选取"。

注意：当创建新文稿时，可以将 Keynote 设置为使用相同主题。选取"Keynote">"偏好设置"，点按"通用"，选择"使用主题"，然后选取一个主题。要更改主题，请点按"选取"。

2.2.2　添加、删除和组织幻灯片

每个主幻灯片都包含某些元素，如标题、项目符号文本和媒体占位符（包含照片）。创建新 Keynote 文稿时，第一张幻灯片自动使用"标题与子标题"主幻灯片。可以随时更改幻灯片的主幻灯片。创建了新幻灯片后，可以通过添加自己的文本、图像、形状、表格、图表等来对其进行自定。

1. 添加幻灯片

以下是添加幻灯片的几种方法：

（1）选择幻灯片导航器中的一张幻灯片并按下 Return 键。

（2）选择一张幻灯片，然后在工具栏中点按新建按钮 （+）。

（3）选择一张幻灯片，然后选取"幻灯片">"新建幻灯片"。

（4）按下 Option 键并拖动一张幻灯片，直到看到一个蓝色三角形。此操作会复制被拖动的幻灯片。

（5）选择一张幻灯片，然后选取"编辑">"复制"。

这些方法会将新幻灯片添加到在幻灯片导航器中所选定的幻灯片之后。要将幻灯片添加到幻灯片显示中的其他位置，请使用"拷贝"和"粘贴"命令，或将新幻灯片拖到所想的位置。在导航器或看片台视图中，还可以通过将影片、声音或图像文件从媒体浏览器拖到幻灯片导航器中的所需位置来创建新的幻灯片（要打开媒体浏览器，请在工具栏中点按"媒体"）。在添加了新的幻灯片后，它会使用在幻灯片导航器中选定的那张幻灯片的主幻灯片（对于新的 Keynote 文稿，第一张幻灯片会使用"标题与子标题"主幻灯片，第二张幻灯片使用"标题与项目符号"主幻灯片）。随时都可以更改幻灯片的主幻灯片，方法是在工具栏中点按"主幻灯片"，然后选取新的主幻灯片。

2. 幻灯片分组

在导航器视图，可以根据需要将幻灯片缩进任意层次，以便创建幻灯片组。缩进的（从属）幻灯片称为"子幻灯片"。缩进幻灯片不会影响幻灯片显示的播放方式。要查看导航器视图，请在工具栏中点按"显示"，然后选取"导航器"。

以下是在导航器视图中处理幻灯片组的几种方法：

（1）要缩进幻灯片，请选择这些幻灯片，然后按下 Tab，或将幻灯片拖到右边。

（2）可以创建更多缩进层次，方法是再次按下 Tab 或继续将幻灯片继续向右边拖动。但是，只可以将幻灯片缩进到比它上一张幻灯片深一个层次。

（3）要去掉缩进，请将幻灯片拖到左边，或按下 Shift-Tab。

（4）要显示或折叠（隐藏）幻灯片组，请点按该幻灯片组上面第一张幻灯片左边的显示三角形。

（5）如果某一组幻灯片处于折叠状态，使在导航器视图中仅能看到顶层的幻灯片，则删除顶层幻灯片也将删除所有子幻灯片。如果组没有折叠，删除顶层幻灯片会将它下面的所有子幻灯片向上移动一层。

（6）要移动幻灯片组，请选择组中的第一张幻灯片（在导航器视图中），然后将该组拖到幻灯片导航器中的新位置。

2.2.3　处理文本

添加可用文本框以创建标签、说明等。选择文本框、形状和表格单元格内的文本并修改它的外观和对齐。更改项目符号的外观或使项目符号列表变成编号列表。

Keynote 在每张幻灯片上显示清楚、明晰的文本，帮助突出的观点。每个主题都具有样式美观的文本，但是自定文本始终都很容易。使用文本检查器，可以更改项目符号的外观，或者使带项目符号的点变成带编号的步骤。

将文本添加到占位符文本框和在文本框中键入文本一样容易。此外，可以通过触摸按钮添加可用的文本框，来将文本放置到幻灯片上的任意位置。还可以使用的首选颜色、字体、行间距、连字等来重新设定所有文本的样式。

1．选择文本

在格式化文本或对文本执行其他操作之前，需要选择想要处理的文本（或包含该文本的文本框）。在直接选择文本（例如单个文本、行或段落）时，可以使用多个键盘快捷键以使操作更容易。

以下是选择文本的几种方法：

（1）要选择一个或多个字符，请在第一个字符前点按，然后拖移鼠标以包含想要选择的字符。若要选择一个词语，请连按该词语。

（2）要选择一个段落，请在段落里快速点按三次。

（3）要选择文稿中的所有文本，请选取"编辑" > "全选"。

（4）要选择多个文本块，请点按一个文本块的开头，然后按住 Shift 键点按另一个文本块的结尾。

（5）要选择从插入点至段落开头的内容，请按住 Shift-Option 并按上箭头键。

（6）要选择从插入点至段落结尾的内容，请按住 Shift-Option 并按下箭头键。

（7）要将选择范围一次扩展一个字符，请按住 Shift 键并按左箭头键或右箭头键。

（8）要将选择范围一次扩展一行，请按住 Shift 键并按上箭头键或下箭头键。

（9）要选择彼此不相邻的多个词语或文本块，请选择想要的第一个文本块，然后按住 Command 键选择其他文本。

2．删除、拷贝和粘贴文本

"编辑"菜单包含用于文本编辑操作的命令。

以下是编辑文本的几种方法：

（1）若要拷贝（或剪切）和粘贴文本，请选择文本，然后选取"编辑" > "拷贝"或"编辑" > "剪切"。点按想要粘贴文本的位置。

（2）若要使拷贝的文本保留其格式，请选取"编辑" > "粘贴"。

（3）若要使已拷贝的文本采用粘贴位置文本的样式格式，请选取"编辑" > "粘贴并匹配样式"。

（4）若要删除文本，请选择文本，然后选取"编辑" > "删除"或按下 Delete 键。如果意外地删除了文本，请选取"编辑" > "撤销"以恢复它。

当使用"拷贝"或"剪切"命令时，所选文本被放置在称为夹纸板的保留区中，文本仅始终保留在那里，直至再次选取"拷贝"或"剪切"，或关闭电脑。夹纸板每次仅保留一个拷贝或剪切操作的内容。

3．格式化文本大小和外观

使用格式栏、菜单命令、文本检查器和"字体"窗口来更改文本大小、字体、颜色和其他特征。

4．使文本变成粗体、斜体或加下划线

格式栏、"格式"菜单与"字体"窗口使更改文本外观变得快速、简单。

首先选择想要使文本变成粗体或斜体或加下划线的某些文本或包含该文本的文本框。

以下是使所选的文本变成粗体、斜体或加下划线的几种方法：

（1）在格式栏中，点按按钮以创建想要的效果：

① 点按 B 按钮使文本变成粗体。

② 点按 I 按钮使文本变成斜体。

③ 点按 U 按钮为文本加下划线。

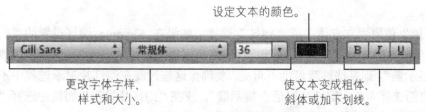

图 2-8　文本格式栏

（2）选取"格式" > "字体" > "粗体"、"斜体"或"下划线"。

（3）在工具栏中点按"字体"，然后在"字体"窗口中选择一种字样以使文本变成粗体、斜体或加下划线。

5．给文本添加阴影

可以使用格式栏快速给文本添加阴影。若要更改阴影的外观，请使用"字体"窗口。

首先选择想要添加阴影的某些文本或包含该文本的文本框。

（1）若要给所选文本添加阴影：在格式栏中选择"阴影"。

（2）若要为所选文本添加阴影并更改其外观：

① 若要给选定文本添加阴影，请在工具栏中点按"字体"，然后点按"文本阴影"按钮。

② 向右拖移阴影不透明度滑块（左边第一个滑块）以让阴影更暗。

③ 向右拖移阴影模糊度滑块（中间滑块）以让阴影更散开。

④ 向右拖移阴影偏移滑块（第三个滑块）以使阴影与文本分离。

⑤ 旋转阴影角度转盘以设定阴影的方向。

还可以使用图形检查器来调整文本上阴影的外观。

2.2.4 在幻灯片之间添加过渡

在幻灯片之间添加视觉过渡，比如马赛克翻转或门道效果。

要在幻灯片之间添加过渡效果：

（1）选择幻灯片。

（2）在工具栏中点按"检查器"，然后点按"幻灯片检查器"按钮。

（3）点按"过渡"。

（4）从"效果"弹出式菜单中选取一个选项。

（5）如果看到"不能在这台电脑上播放的效果"，则表明列出的过渡要求的电脑配备高级图形卡。

（6）从"方向"弹出式菜单中选取一个选项（并非适用于所有效果）。要更改完成过渡所需的时间，请在"持续时间"栏中键入一个值（或点按箭头）。

（7）从"开始过渡"弹出式菜单中选取一个选项。

（8）在点按时：在点按前进到下一张幻灯片时开始过渡。

（9）自动：在"延迟"栏指定的时间长度后开始过渡。

（10）如果选取了带有附加设置的效果（例如"马赛克"、"交换"或"淡入淡出颜色"），请选择相应选项。

（11）要查看过渡，请点按幻灯片检查器中的"过渡"面板中的图像，或在工具栏中点按"播放"。

（12）如果使用"立方体"或"翻转"过渡：如果在 Keynote 偏好设置的"幻灯片显示"面板（选取"Keynote">"偏好设置"，然后点按"幻灯片显示"）选择了"放大幻灯片以适合显示器"，则某些过渡可能不可见。要确保这些过渡在幻灯片显示过程中不会被剪裁，可以取消选择"放大幻灯片以适合显示器"，或在"幻灯片显示"面板中选择"减少过渡以避免剪裁"选项的其中一个或两个。

2.2.5　使用对象构件使幻灯片产生动画效果

使用对象构件使幻灯片产生动画效果

1．使用对象构件，使幻灯片上单独或成组的元素产生动画效果；

2．可以使用对象构件使幻灯片上的个别或一组元素产生动画效果；

3．构件出现效果可将元素移到幻灯片上；

4．构件消失效果可将元素移出幻灯片；

5．操作构件可使幻灯片上的元素产生动画效果；

6．智能构件是用于使图像产生动画效果的预定义操作构件；

7．可以在一个幻灯片上创建多个对象构件，还可以将多个构件应用于同一对象。

2.2.6　添加声音和影片

可以随时通过在幻灯片上添加声音轨道，或者通过播放音乐、声音效果，或影片，来增添幻灯片显示的生动性。Keynote 还提供了为幻灯片显示录制画外音旁白的工具，该工具对于自播放的幻灯片显示尤为有用。

1．可以在 Keynote 中播放的声音和影片类型

可以将音频（音乐文件、iTunes 资料库中的播放列表，或任何其他声音文件）添加到 Keynote 文稿中。

Keynote 接受任何 QuickTime 或 iTunes 文件类型，包括以下类型：

（1）MOV；

（2）MP3；

（3）MPEG-4；

（4）AIFF；

（5）AAC。

2．关于给幻灯片显示添加音频

可以按照以下方法在幻灯片显示中使用声音：

（1）在单个幻灯片上：仅在一张幻灯片上播放声音。当显示幻灯片时，可以随时启动和停止声音回放。当前往下一个幻灯片时，声音回放会自动停止。

（2）作为整个幻灯片显示的声音轨道：当幻灯片显示启动并播放到结尾，或者到达幻灯片显示的结尾时（取决于哪个时间更长），音频开始播放。也可以选取使音频只播放一次、循环播放或前进播放然后后移。

（3）作为画外音旁白：可以创建每张幻灯片的自述同步录音。此录制将在整个幻灯片显示中播放。

3．在幻灯片上添加影片

可以将影片放置在占位符图形内，或放置在幻灯片画布上的任意位置。也可以将影片移到幻灯片上或移出幻灯片，或者当演讲者点按时通过使用对象构件来开始和停止影片。

以下是添加影片的几种方法：

（1）将影片文件从 Finder 拖到幻灯片画布或媒体占位符上。

（2）点按工具栏中的"媒体"，然后点按媒体浏览器中的"影片"。选择一个文件，然后将该文件拖到幻灯片画布或媒体占位符上。

（3）选取"插入"＞"选取"，然后浏览到想要的影片文件。选择该影片文件，然后点按"插入"。将影片拖到想要它在幻灯片画布上出现的位置。

2.2.7　使用表格

表格是一种用来表示数据或信息的好方法，使用表格可以轻松地扫描和比较数据或信息。表格也可以用做框架，以在富有创造性的布局中表示文本和图像。Keynote 提供了多种工具，以设计通用表格和创建能够提升演示文稿效果的视觉帮助。配合表格构件一起使用，Keynote 甚至可以帮助将数字数据变得活灵活现。

1．添加表格

当在 Keynote 中添加一个新表格时，它显示为带有或不带标题行和标题列的三行三列的表格，这取决于使用的主题。表格经过设计以和主题相符。

自定包含需要的列数和行数的表格非常容易，并且在开始将内容输入到单元格之前，添加或移除标题列、表头和表尾行也很容易。

2．若要创建新表格

（1）在工具栏中点按"表格"或选取"插入"＞"表格"。一个三行三列的表格会出现。

（2）通过在格式栏的"行数"栏和"列数"栏中指定想要的数量，来调整行数和列数。

（3）若要添加一个或多个标题列，请在格式栏中点按"标题列"按钮并从弹出式菜单中选择想要的数量。

（4）若要添加一个或多个标题行，请在格式栏中点按标题行按钮，并从弹出式菜单中选取想要的数量。

（5）若要调整表格的大小，请拖移它的一个选择控制柄。若要保留表格的比例，请在拖移时按住 Shift 键。若要从表格中心扩展表格，请在拖移时按住 Option 键。

（6）拖移表格以将其放置在幻灯片画布上想要的位置。

2.2.8　关于预演和观看演示文稿

全屏幕演示文稿使大多数活泼的图形和平滑的动画可通过 Keynote 来实现。可以在电脑的显示器、第二显示器上显示全屏演示文稿，或者将它投影到大屏幕上。还可以在演示过程中播放影片和声音。

1. 添加演讲者注释

使用演讲者注释栏键入或查看每个幻灯片的注释。可以打印这些演讲者注释，或演示时在只有能看到的备用显示器上查看它们。

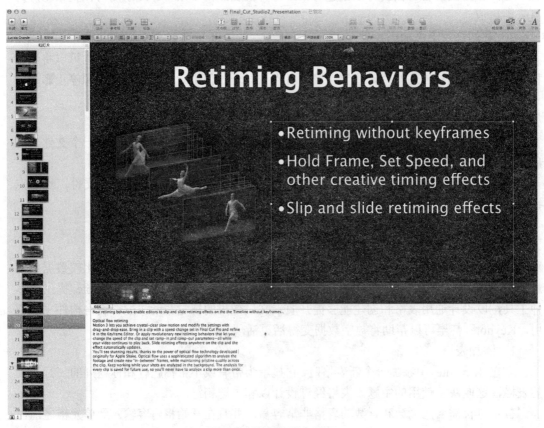

图 2-9　添加演讲者注释

2. 设定幻灯片的大小

若要获得最高的回放质量，幻灯片大小应该与用于播放幻灯片的显示器的屏幕分辨率匹配。大多数投影仪处于 800 × 600 分辨率时显示幻灯片效果最佳，新式投影仪可以用 1024 × 768 或更高分辨率显示幻灯片。

如果演示文稿中含有影片，可能希望使用较高的分辨率。在此情形中，选取分辨率为 1920 × 1080 的高分辨率（HD）主题（并非所有主题都提供较高的分辨率）。较高的分辨率需要更多内存和更快速的处理器。

可以在文稿检查器的"文稿"面板中更改 Keynote 文稿的幻灯片大小。如果不确定最佳幻灯片大小，或者不要改变文稿中的原始幻灯片大小，Keynote 将以它的原始大小播放幻灯片显示，显示在显示器中央，周围带有黑色边框。如果幻灯片太大而不适合显示器，Keynote 会自动缩小它以适合屏幕。

还可以使 Keynote 在播放幻灯片时放大它，以适合屏幕。

若要在回放过程中放大幻灯片：

（1）选取 Keynote>"偏好设置"。

（2）点按"幻灯片显示"。

（3）选择"放大幻灯片以适合显示器"。

此选项并未实际改变 Keynote 文稿的幻灯片大小；它只是对文稿进行缩放以适合显示器。使用此选项进行回放时，视频质量可能有一些损失。

（4）如果使用"立方体"或"翻转"过渡，则不妨选择"减少翻转过渡以避免剪裁"或"减少立体翻转过渡以避免剪裁"。否则，会看不到过渡的某个部分。

3．预演演示

可以使用预演显示查看演讲者信息（无需第二显示器），以便能够练习和微调演示文稿的时序。

若要预演幻灯片：

（1）选取"播放">"预演幻灯片显示"。

（2）若要滚动浏览演讲者注释，请按 U（上）或 D（下）键或使用演讲者注释右侧的滚动条。如果没看到演讲者注释，请确定在"演讲者显示"偏好设置中选择了该选项。

（3）若要退出预演显示，请按 Esc 键。

4．在电脑显示器上查看演示文稿

如果要给少数观众进行演示，则观看幻灯片显示的最简单的方式可能就是直接在电脑显示器上观看。

若要在单个显示器上查看全屏幕演示文稿：

（1）打开 Keynote 文稿并选择想要开始演示的幻灯片。

（2）请执行以下一项操作（取决于幻灯片显示是否录制了画外音旁白）：

① 如果没有录制演示文稿，则点按工具栏中的"播放"。

若要前进到下一张幻灯片或对象构件，请点按鼠标，或者按右箭头键或空格键。若要结束显示，请按 Esc 键或 Q 键。

② 如果该演示文稿已录制，请在工具栏中点按"播放"。

若要同时暂停显示和音频，请键入 H。若要继续演示，请在 Dock 中点按 Keynote 图标。若要停止回放，请按下 Esc 键。

5．在外部显示器或投影仪上查看演示文稿

演示幻灯片显示时，使用第二个屏幕有两种方法：

（1）视频镜像在两个屏幕上完全相同地显示幻灯片显示。

（2）双显示器允许显示演讲者信息或提示，而在另一个屏幕上，观众仅能看到幻灯片显示。

若要使用双显示器配置观看演示文稿，如图 2-10：

① 根据显示器或投影仪，以及电脑附带的说明连接第二显示器或投影仪。

② 选取苹果菜单>"系统偏好设置"，然后点按"显示器"。

③ 点按"排列"，并按照屏幕指示进行操作。

④ 请确定未选择"镜像显示器"。

⑤ 选取 Keynote>"偏好设置"，然后点按"幻灯片显示"。

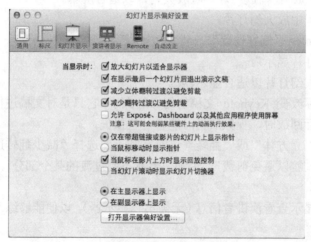

图 2-10　幻灯片显示设置

⑥请选择"在主显示器上显示"或"在第二显示器上显示"。主要显示器是看到有菜单栏的显示器。如果选择"在第二显示器上显示"，可以自定演讲者在主显示器上看到的内容。

⑦在工具栏中点按"播放"。

⑧点按鼠标或按下空格键，向前浏览演示文稿。

6．关于控制演示文稿

如果演示文稿没有自行播放，则可以使用键盘暂停和继续幻灯片以及在它们之间进行导航。可以设置演讲者显示以显示下一个幻灯片，及已经过的时间等。如果 Mac 附带 Apple Remote 遥控器，可以使用它来控制演示文稿。

7．播放影片

可以通过使用鼠标指针点按控制（控制将在鼠标移到幻灯片上面的影片时出现）来控制幻灯片上的影片；为此，幻灯片显示必须进行设置以便影片出现在幻灯片上时显示鼠标指针。在演示过程中，另一种控制影片回放的方式是使用键盘。

若要当影片出现在幻灯片上时显示鼠标指针：

（1）选取"Keynote">"偏好设置"，然后点按"幻灯片显示"。

（2）选择"当指针位于影片上时显示回放控制"的注记格。

若要使用键盘以控制影片回放，按下或按住想要的操作所对应的按键：

K：按下以暂停;再次按则继续回放（切换）。

J：按则倒回（向后播放影片）。

L：按则快进。

I：按则跳到影片的开头。

O：按则跳到影片的结尾。

创建幻灯片显示时，可以为影片设定回放音量，并指定是否幻灯片一出现时就开始播放影片，或者是否在点按之后影片才开始播放。也可以选择让影片从头到尾播放一遍或连续循环播放，或者向后循环播放和向前循环播放。

2.2.9　跨平台共享演示文稿

将演示文稿导出为可以在各种平台上兼容的格式。

1. 制作 QuickTime 影片

可以将幻灯片转换成包含所有动画转场和对象构件的 QuickTime 影片。可以创建一个交互式影片，它允许观众按照自己的速度向前导航影片；还可以创建一个自播放影片，转场和构件的时间与设定的时间相同。

若要创建幻灯片显示的 QuickTime 影片：

（1）选取"共享"＞"导出"，然后点按"QuickTime"。

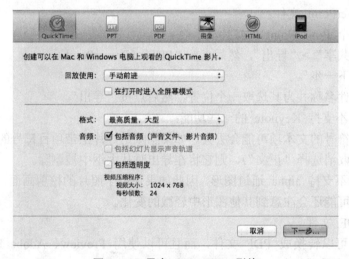

图 2-11　导出 QuickTime 影片

（2）从"回放方式"弹出式菜单中选取一个选项：

手动向前导航：观众可以通过点按鼠标或"播放"（在 QuickTime 控制中）按钮或按键盘上的空格键向前导航幻灯片。

仅超链接：观众通过点按超链接向前导航幻灯片显示。

已录制时序：如果已录制幻灯片显示，幻灯片显示影片将使用录制的时序播放。

固定时序：查看者不能控制幻灯片显示前进的方式，幻灯片显示使用在下一步中指定的时序进行播放。

（3）如果选取了"固定时序"，则可以通过在"幻灯片持续时间"和"构件持续时间"栏键入值来指定幻灯片显示的时间和完成对象构件所需的时间。

幻灯片持续时间：上一个构件完成后整个构件幻灯片在屏幕上停留的时间。

构件持续时间：每个对象构件中一个构件阶段到下一个构件阶段开始之间的时间（以秒计）。幻灯片第一次在屏幕上出现的时间和对象构件的第一个阶段之间没有延迟。

（4）如果选取了"固定时序"，则可以从"重复"弹出式菜单中选取一个选项：

无：幻灯片仅播放一次。

循环：幻灯片显示连续播放。

前后循环：幻灯片从前向后一直播放，然后回到开头，依此类推。

（5）若要使幻灯片在整个屏幕中而不是窗口中显示，请选择"打开时进入全屏幕模式"。

（6）从"格式"弹出式菜单中选取回放质量和文件大小。

（7）若要包含幻灯片声音轨道或已录制的音频，请选择合适的"音频"注记格。

（8）如果幻灯片显示具有一个透明背景，而且要在 QuickTime 影片中保留它，请选择"包括透明度"。

（9）点按"下一步"，给影片键入一个名称，选取一个储存位置，然后点按"导出"，如图 2-11。

2．制作 PowerPoint 幻灯片显示

可以将 Keynote 文稿转换成 Windows 或 Mac OS 电脑的 PowerPoint 用户可以查看和编辑的 PowerPoint 文件。

若要创建一个 PowerPoint 幻灯片显示：

（1）选取"共享">"导出"，然后点按"PPT"（PowerPoint）。

（2）点按"下一步"。

（3）键入文件名称并为其选取一个位置，然后点按"导出"。

PowerPoint 不支持 Keynote 的一些功能：

某些带项目符号的文本项可能会丢失。如果隐藏幻灯片上带项目符号的文本（通过在幻灯片检查器中取消选择"正文"），则它将在导出时从大纲中被删除。

PowerPoint 不支持 alpha 通道图形，因此如果使用了照片的挖剪画面，它后面的图像会出现在前面。可能还会注意到其他图形中轻微的变化。

3．创建 PDF 文件

幻灯片显示可以转换成 PDF 文件，而且可以使用 Preview、Adobe Reader 或任何 PDF 应用程序来查看或打印。

如果幻灯片显示包含超链接，它们将作为活跃的链接导出到 PDF 文稿中。

以下是创建 PDF 文件的几种方法：

（1）若要创建仅在屏幕上查看的 PDF 文件（不作为已打印的硬拷贝），请选取"共享">"导出"，然后点按"PDF"。选择的选项，点按"下一步"，键入名称并选择文件位置，然后点按"导出"。

可以打印通过此方法创建的 PDF 文稿，但该文稿不会有打印页边空白。如果打算打印 PDF 文件，则使用以下方法可能会获得更好的效果。

（2）若要创建将要打印的 PDF 文件，请选取"文件">"打印"，然后从"PDF"弹出式菜单中选取"存储为 PDF"。在"存储"对话框中，键入名称，选取文件位置，然后点按"存储"。

2.3 Numbers 电子表格处理工具

2.3.1 Numbers 简介

Numbers 是一款由苹果公司开发的电子表格应用程序。

1. 主要特点

（1）"表单排版"方式：表单位于一个画板上，可以相对独立于其他表格、图表和图片，这样可以更轻松地在一个表单中安放排版不同的表格。

（2）表格中心的工作方式，容易通过表头和总结创建表单。

（3）下拉式、选项框、拖拉式单元格。

（4）从边栏拖放函数到单元格中。

（5）打印预览模式下，可以进行函数编辑、实时缩放、自由移动表格以适应页面。

（6）XML 原生文件格式，使用文件捆绑来实现媒体和关联文件。

（7）可以导出到 Microsoft Excel ，但会缺少某些 Excel 功能，包括 Pivot table 和 Visual Basic for Applications 。

2. 新功能

（1）易用的公式功能

以前只有少数人精通的公式功能，在 Numbers '09 中却是如此简单易用，从此人人都能成为公式大师。包含超过 250 种函数，只需点击便可选用。每个函数都附带详细说明并内置了帮助功能。甚至可以用视觉占位符作为公式中的变量来组合公式。只需点击占位符，选择需要添加到公式中的数值。

（2）公式列表显示

一份电子表格包含许多工作表、表格、数字和公式，如何才能将一切了然于胸？使用新的公式列表显示，可以在电子表格中一次性看到所有的计算。在工具栏中点击公式列表按钮，然后直接选择特定的公式。还可以搜索公式、函数或者单元格的参考内容。

（3）表格归类

有时电子表格中包含了大量的数据，很难理出头绪。这时只需轻点一下，便可以根据任何栏中的数据将行组合起来，创建不同类别的表格。每个类别都包括一个摘要行，使用摘要行，可以很容易地打开、折叠并排列数据。还可以为摘要行添加函数来整理数据，包括小计、平均值、计数、最小值、最大值等。

（4）高级图表功能

Numbers 附带更多出色的 2D 图表选项。可以在一个混合图表中同时使用不同的折线、柱状和空间图，使用不同的数值尺度创建双轴图表，方便地添加趋势线和误差条。鼠标轻点即可为图表增色。

（5）提升的模板选取器

需要更多的表格灵感？苹果设计的专业品质的模板是个好的开始。Numbers '09 为用户提供了 12 个新的类别和设计总共 30 个模板，包括支票登录薄、储蓄计算器或者退休储蓄模板，还可以制作宝宝成长大事记或者花园管理日记，追踪体重和健身进度。更多可能等待用户探索。

（6）更多方式共享文件

和任何 Mac 或 PC 用户共享 Numbers 电子表格。可以在 Numbers 中打开 Microsoft Excel 文件并将 Numbers 文件保存为 Microsoft Excel 格式。使用 Numbers 中强大的图形处理工具，很简单就能让 Excel 文件增色不少。 Numbers 还可以将文件输出为 PDF 格式。新的 Email 选项可以直接在 Numbers 中通过 Mac OS X Mail 发送 Numbers、Excel 或 PDF 格式的文件。审阅者可以在网上阅读、批注并下载适合他们的格式。

2.3.2　处理文稿的各个部分

创建目录、调整页边空白、添加引文、参考书目和方程。

1．定义页面特征

（1）选择页面方向和大小

默认情况下，大部分 Pages 模板是以标准纸张大小创建的，其文本打印方向是纵向（垂直）。如果文稿需要不同的纸张大小或想要横向（水平）打印，则应在开始就设定好纸张大小和方向。当在文稿中以这种方式工作时，将更清楚它所呈现的样子。

设定页面大小和方向，提供了有关更改页面方向和设置纸张大小的说明。

如果使用"空白"（文字处理）或"空白画布"（页面布局）文稿进行文稿创建，模板提供横向和纵向的页面方向。

（2）设定文稿页边空白

每个文稿都有页边空白（文稿内容和纸张边缘之间的空白）。当使用布局视图时，这些页边空白在屏幕上是以亮灰色线条来表示。若要显示布局视图，请在工具栏中点按"显示"，然后选取"显示布局"。

大部分 Pages 模板（包括"空白"）的默认页边空白被设定为页面左边和右边各有一英寸宽，顶部和底部各有一英寸高。这意味着，文稿正文将不会扩展到这些页边空白的外侧。

（3）使用布局

在 Pages 中，可以通过在文本框内创建栏来更改页面布局文稿的页面设计，也可以通过由布局分隔符分隔的布局来更改文字处理文稿的页面设计。

在文字处理文稿中，布局由布局分隔符分隔。布局是文稿的一部分，在其中定义了特定的栏属性和栏周围的间距（称为布局页边空白）。可以在文稿的一节或甚至单个页面中设定多个布局。

2．使用目录

添加目录来显示文稿中的主要标题。每次打开文稿时都会更新目录。

（1）创建和更新目录

使用"文字处理"模板创建的每个目录（TOC）仅列出跟随在其后面的内容，到下一个目录为止。如果想要整个文稿有一个主目录，它必须是唯一的目录，并且必须在文稿的开头。

若要在编辑文稿后更新目录，请点按目录中的任意条目，或者在文稿检查器的"目录"面板中点按"现在更新"。如果在更改文稿后没有更新目录，它会在关闭文稿时自动更新。

（2）给目录应用样式

可以更改目录中文本的外观正如更改文字处理文稿的其他文本的外观一样。也可以在条目与其关联页码之间添加引线，还可以创建新的目录样式。

3．使用页眉和页脚

添加页眉和页脚可通过显示日期和时间、页码或文件名称和路径名称来给文稿提供逐页标识。

（1）使用页眉和页脚

可以使相同的文本或图形出现在文稿的多个页面上。在页面顶部出现的重复信息称为表头，在页面底部称为表尾。

可以将自己的文本或图形放到页眉或页脚中，也可以使用格式化文本字段。格式化文本字段允许插入会自动更新的文本。例如，插入时间字段会在每当打开文稿时显示当前日期。同样，页码栏可在添加或删除页面时跟踪页码。

若要定义表头或表尾的内容：

① 在工具栏中点按"显示"，然后选取"显示布局"。可以在页面的顶部和底部看到页眉区和页脚区。

② 若要将文本或图形添加到页眉或页脚，请将插入点放置在页眉或页脚中，然后键入或者粘贴文本或图形。

（2）添加页码和其他可变值

可以使用格式化的文本栏在文稿中插入各种值，比如页码、页数、文件名和路径名以及日期和时间，Pages 将在这些值更改时自动更新格式化的文本栏。虽然这些值常用在页眉和页脚中，但可以在文稿中的任何位置插入格式化的文本栏。

（3）插入格式化的文本栏的方法如下

① 若要自动添加和格式化页码，请选取"插入"＞"自动页码"。选取页码将在整个文稿或当前节中出现的位置，然后选取页码对齐和格式选项。

若要指定是否想在首页上显示页码，请选择"包含首页上的页码"。

② 若要添加页码，请在想要页码出现的位置放置插入点，然后选取"插入"＞"页码"。

若要更改页码格式，请按住 Control 键点按页码，然后选取一种新的页码格式。

③ 若要添加总页数，在想要页数出现的位置放置插入点，然后选取"插入"＞"页数"。

若要在每个页码中包括总页数，例如"2/10"，请添加页码，键入 /，然后选取"插入"＞"页数"。

若要更改页数格式，请按住 Control 键点按页数，然后选取一个新的数字格式。

④ 若要添加和格式化日期和/或时间，请将插入点放置在想要值出现的位置，然后选取"插入"＞"日期与时间"。若要更改日期和时间的格式，请按住 Control 键点按日期和时间值，选择"编辑日期与时间"，然后从弹出式菜单中选取一种日期和时间格式。如果想

要文稿总是显示当前日期和时间，请选择"打开时自动更新"。

⑤ 若要添加文稿的文件名称，请将插入点放置在想要文件名称出现的位置，然后选取"插入" > "文件名称"。若要显示文件目录路径，请连按文件名称并选择"显示目录路径"。若要显示文件扩展名，请连按文件名称并选择"总是显示文件名称扩展名"。

4．使用脚注和尾注

添加可链接到页面底部的注释（脚注）或文稿或节结尾的注释（尾注）的标记。

2.3.3　添加文本

在文本框、形状内键入文本，并用颜色高亮显示。创建列表、调整对齐并添加超链接。

1．快速添加、编辑和查找文本

（1）删除、拷贝和粘贴文本

"编辑"菜单含有用于文本编辑操作的命令。

以下是编辑文本的几种方法：

① 若要拷贝（或剪切）和粘贴文本，请选择文本，然后选取"编辑" > "拷贝"或"编辑" > "剪切"。点按想要粘贴文本的位置。

若要使文本副本保留其样式格式，请选取"编辑" > "粘贴"。

若要使拷贝的文本采用其周围文本的样式格式，请选取"编辑" > "粘贴并匹配样式"。

② 若要删除文本，请选择文本，然后选取"编辑" > "删除"或按下 Delete 键。

如果意外地删除了文本，请选取"编辑" > "撤销"以恢复它。

当使用"拷贝"或"剪切"命令时，所选文本被放置在称为"剪贴板"的保留区中，文本将总是保留在那里，直至再次选取"拷贝"或"剪切"或者关闭电脑。剪贴板每次仅保留一个拷贝或剪切操作的内容。

（2）选择文本

在格式化文本或对文本执行其他操作前，需要选择想要处理的文本。

以下是选择文本的几种方法：

①若要选择一个或多个字符，请在第一个字符前点按，然后拖移鼠标以包含想要选择的字符。

②若要选择一个词语，请连按该词语。

③若要选择一个段落，请在段落里快速点按三次。

④若要选择文稿中的所有文本，请选取"编辑" > "全选"。

⑤若要选择多个文本块，请点按一个文本块的开头，然后按住 Shift 键点按另一个文本块的结尾。

⑥若要选择从插入点至段落开头的内容，请按住 Shift-Option 并按上箭头键。

⑦若要选择从插入点至段落结尾的内容，请按住 Shift-Option 并按下箭头键。

⑧若要将选择范围一次扩展一个字符，请按住 Shift 键并按左箭头键或右箭头键。

⑨若要将选择范围一次扩展一行，请按住 Shift 键并按上箭头键或下箭头键。

⑩若要选择彼此不相邻多个词语或文本块，请选择想要第一个文本块，然后按住 Command 键选择附加文本。

2．在对象周围绕排文本

使文本围绕对象紧排或松排，或使文本仅停留在对象的上方、下方或一侧。

（1）绕排内联对象或浮动对象周围的文本

放置对象（图像、形状、图表等）时，可以决定文本在对象周围绕排的方式。可以选取使文本围绕对象紧排或松排，或使文本仅停留在对象的上方、下方或一侧。若要设定这些选项，请使用绕排检查器。

不能在表格周围绕排文本。

以下是在浮动和内联对象周围绕排文本的几种方法：

① 若要使用格式栏绕排文本，请选择对象，然后从格式栏的"绕排"弹出式菜单中选择一个文本绕排选项。

② 若要使用绕排检查器绕排文本，请选择对象，点按工具栏上的"检查器"，点按绕排按钮，然后选择"对象导致绕排"。

浮动对象：点按文本绕排按钮以显示想让文本在浮动对象周围绕排的方式。

内联对象：点按文本绕排按钮以显示想让文本在内联对象周围绕排的方式。

（2）调整内联对象或浮动对象周围的文本

使用绕排检查器调整内联对象或浮动对象周围的文本。

以下是调整内联对象或浮动对象周围的文本的几种方法：

① 若要使文本围绕具有 Alpha 通道的对象紧排，请点按右文本适合按钮。若要使文本松排，请点按左文本适合按钮。

② 若要指定想要留在对象和周围文本之间的最小间距，请在"额外间距"字段中输入值。

2.3.4　添加表格

创建表格并格式化表格单元格内容。排列数值、添加颜色和格式化表格单元格。

1. 管理表格

给列与行指定名称，调整列宽和行高以及对数值进行排序。虽然一些模板含有一个或多个预定义表格，但可以向 Pages 文稿添加表格。

以下是添加表格的几种方法：

（1）在工具栏中点按"表格"。

（2）选取"插入" > "表格"。

（3）若要根据现有表格中的一个单元格或多个相邻单元格创建一个新表格，请选择单元格，然后将选择项拖到页面上的空位置。原始表格的单元格中的值会被保留。

（4）若要了解单元格选择技巧的信息，请参阅选择表格及其组件。

（5）若要在页面上绘制表格，请按住 Option 键并点按工具栏中的"表格"。松开 Option 键，然后在页面上移动鼠标指针直到它变成十字。拖移以创建所需大小的表格。

可以通过拖移表格的一个选择控制柄或使用版式检查器使表格变大或变小。还可以通过调整表格的列与行的大小来更改表格的大小。

以下是调整选定表格大小的几种方法：

（1）拖移选定表格时出现的正方形选择控制柄中的一个。对于文字处理文稿中的内联表格，只有活跃选择控制柄可以使用。

（2）若要保持表格的比例，请在按住 Shift 键的同时拖移表格来调整其大小。

（3）若要从表格中心调整大小，请在拖移时按住 Option 键。

（4）若要朝一个方向调整表格大小，请拖移侧边控制柄，而不是边角控制柄。对于内联表格，只可使用活跃选择控制柄。

（5）若要通过指定准确的尺寸来调整大小，请点按工具栏中的"检查器"，然后点按"版式"按钮。在此面板中，可以指定新的宽度和高度、控制旋转的角度以及更改表格与页边空白的距离。

（6）如果表格跨越多个页面，必须使用版式检查器调整表格大小。

2．选择表格及其组件

请选择表格、行、列、表格单元格和表格单元格边框，然后再处理它们。

（1）以下是选择表格的几种方法：

① 如果未选定单元格，请点按表格中的任意位置。

② 如果选择了表格单元格，请按下 Command-Return 键，或者先点按表格的外侧，然后再点按表格中的任意位置。

（2）若要选择一个表格单元格：选择表格，然后点按单元格。

当单元格被选定，请使用 Tab、Return 和箭头键将所选的单元格移到相邻的单元格。在表格检查器中选择"表格选项"下方的"按 Return 键移到下一单元格"有时会更改 Return 和 Tab 键的作用。

（3）选择表格中的一行或一列

选择所有行和所有列的最快方法是使用表格检查器。

以下是选择行和列的几种方法：

① 若要选择单行或单列，请在表格检查器中的"编辑行与列"弹出式菜单中选取"选择行"或"选择列"。

② 若要选择多行，请在选取"选择行"之前，先选择两个或多个垂直相邻的单元格。

③ 若要选择多列，请在选取"选择列"之前，先选择两个或多个水平相邻的单元格。

3．处理表格中的行和列

可以快速添加或删除行和列，创建标题行/标题列或表尾行以及更多。

当插入、删除、调整大小、隐藏或显示表格中的行或列时，页面上的其他对象可能会移动，以避免重叠或维持相对的对象位置。若要防止自动移动对象，请选取"Pages" > "偏好设置"，然后在"通用"面板中取消选择"当表格调整时自动移动对象"。

（1）以下是添加行的几种方法

① 若要添加单行，请选择一个单元格，然后选取"格式" > "表格" > "在上面添加行"或"在下面添加行"。

② 若要添加多行，请选择希望添加的行数（如果希望添加三行，请选择三行）。若要在特定一行后添加行，请确保所选的底行就是希望添加的新行的上一行。若要在特定一行前添加行，请确保所选的顶行就是希望添加的新行的下一行。然后选取上述其中一个命令。

③ 若要在表格结尾处添加一行，请在选择最后一个单元格后按下 Return 键。如果刚刚添加或更改了单元格值，而且仍在编辑单元格，则按两次 Return 键。

④ 如果表格检查器中"表格选项"下方的"按 Return 键移到下一个单元格"未选定，请按 Tab 而不从行的最后一个单元格开始。

⑤ 若要在表格结尾处添加一行或多行，请使用表格检查器的"表格"面板中的"行"控制。

（2）以下是添加列的几种方法

① 若要添加单列，请选择一个单元格，然后选取"格式">"表格">"在前面添加列"或"在后面添加列"。

② 若要添加多列，请选择希望添加的列数（如果希望添加三列，请选择三列）。若要在某一列后添加列，请确保所选的最右一列就是希望添加的新列的上一列。若要在某一列前添加列，请确保所选的最左一列就是希望添加的列的下一列。然后选取上述其中一个命令。

③ 如果在表格检查器中选择"表格选项"下方的"按 Return 键移到下一单元格"，就可以使用 Tab 键将列添加到表格的右侧。

④ 选择最后一个单元格后，按 Tab 键一次。如果刚添加或更改该单元格的值，则按两次 Tab 键。

⑤ 若要在表格右侧添加一列或多列，请使用表格检查器的"表格"面板中的"列"控制。

（3）以下是删除行或列的几种方法

① 选择一个或多个行或列，或者行或列中的一个单元格，然后选取"格式">"表格">"删除行"，或选取"格式">"表格">"删除列"。

② 若要删除一个或多个行或列，请选择它们，然后在表格检查器中从"编辑行与列"弹出式菜单中选取"删除行"或"删除列"。还可以通过选取"格式">"表格">"删除行"或"格式">"表格">"删除列"来访问这些命令。

（4）以下是调整行和列大小的几种方法

① 若要使所有行的大小相等，请选择表格，然后选取"格式">"表格">"平均分配行高"。

② 若要使所有列的大小相等，请选择表格、一行或多行，然后选取"格式">"表格">"平均分配列宽"。

③ 若要调整单个行的大小，请选择行中的单元格，然后使用表格检查器中"表格"面板中的"行高"栏。

④ 若要调整单个列的大小，请选择列中的单元格，然后使用表格检查器中"表格"面板中的"列宽"栏。

⑤ 若要使多个行大小相等，请选择这些行中的一个或多个单元格，然后选取"格式">"表格">"平均分配行高"。这些行不一定是相邻的。

⑥ 若要使多个列大小相等，请选择这些列中的一个或多个单元格，然后选取"格式">"表格">"平均分配列宽"。这些列不一定是相邻的。

⑦ 若要缩小行或列，以便当值没有填充满其单元格时删除未使用的空间，请选择一个单元格，然后在表格检查器中选择"自动调整大小以适合内容"。

4．将内容加入表格单元格

使用各种方法添加内容至表格单元格。

（1）以下是添加和编辑值的几种方法

① 如果单元格是空的，请选择它并键入一个值。选择表格单元格介绍了如何选择单元格。

② 若要替换单元格中已有的特定内容，请选择该单元格，然后通过连按来选择要替换

的内容；如果要替换多个内容，请按住 Shift 键选择多个内容。键入内容以替换选定的内容。

③若要替换单元格中的全部内容，请选择单元格，然后开始键入内容。

④如果在表格检查器中未选择"按 Return 键移到下一个单元格"，也可以选择单元格，然后按下 Return 或 Enter 以选择单元格的所有内容，然后开始键入。

⑤若要在现有内容中插入内容，请选择单元格，点按以设定插入点，然后开始键入内容。

⑥若要撤销选择一个表格单元格之后对该单元格所做的更改，请按下 Esc。

⑦若要删除表格单元格、行或列的内容，请选择单元格、行或列，然后按下 Delete 键或选取"编辑">"删除"。

⑧若要删除内容、背景填充以及所有样式设置，请选取"编辑">"全部清除"。默认样式会应用到所选内容。

可以控制表格单元格中的文本的格式和对齐方式，并且可以使用查找/替换和拼写检查功能。键入文本到单元格中时，Pages 会显示文本，该文本可能会被用于根据表格其他位置中的相似文本来完成单元格内容。如果适用，可以使用推荐的文本，或者继续键入以覆盖推荐项。若要停用自动推荐项，请取消选择 Pages 偏好设置的"通用"面板中的"在表格列中显示自动完成列表"。

（2）以下是处理表格单元格中的文本的一些技巧

① 若要插入换行符，请按下 Option-Return。

② 若要插入段落分隔符，如果表格检查器中"表格选项"下方的"按 Return 键移到下一个单元格"未被选定，则按下 Return 键。否则，按下 Option-Return。

③ 若要在表格中插入制表符，请按下 Option-Tab。

④ 若要调整文本对齐方式，请使用格式栏中的对齐按钮。

文本检查器提供了附加的文本格式化选项（在工具栏中点按"检查器"，然后点按文本检查器按钮）。

（3）自动填充可以使用一个或多个单元格中的内容自动向相邻单元格添加值

以下是自动填充表格单元格的几种方法：

① 若要将一个单元格中的内容和填充粘贴到相邻单元格中，请选择该单元格，然后将填充控制柄（位于该单元格右下角的小圆圈）拖到要粘贴到的单元格上方。

② 若要将一个单元格的内容与填充粘贴到同一行或同一列的一个或多个单元格，请选择两个或多个相邻的单元格，然后选取以下一个项目。

"格式">"表格">"填充">"向右填充"：将最左侧选定的单元格中的数值分配给选定的单元格。

"格式">"表格">"填充">"向左填充"：将最右侧选定的单元格中的数值分配给选定的单元格。

"格式">"表格">"填充">"向上填充"：将最底部选定的单元格中的数值分配给选定的单元格。

"格式">"表格">"填充">"向下填充"：将最顶部选定的单元格中的数值分配给选定的单元格。

③ 还可以根据值模式向单元格添加值。例如，如果单元格含有星期几或几号，可以选

择该单元格，然后向右或向下拖移以将下一个星期几和几号添加到相邻单元格。

若要根据数字式样创建新值，请选择两个或更多单元格，然后再拖移。例如，如果两个所选单元格包含 1 和 2，则当拖移直到相邻的两个单元格时，会添加值 3 和 4。此外，如果两个所选单元格包含 1 和 4，则当拖移直到相邻的两个单元格时，会添加值 7 和 10（值以 3 递增）。

自动填充不会在单元格组中的单元格之间设置某种现行关系。自动填充之后，可以单独更改其中一个单元格。

2.3.5　添加图表、图形和其他对象

使用二维和三维图表查看数据。编辑和格式化图表数据。

1. 使用浮动对象和内联对象

添加对象，使它们保持在页面上的适当位置，或嵌入文稿的文本流中。

什么是浮动对象和内联对象？

如果想要对象保留在原位以使页面上的文本围绕它流动，请使用浮动对象。

浮动对象被锚定在页面上的一个位置。在页面上键入更多的文本并不会影响浮动对象的位置，但是可以拖移浮动对象以重新放置它。拖移它的任意一个选择控制柄可调整其大小。

如果想让对象嵌入在文本流中使其随着文本的增多而向前推动，请使用内联对象。

内联对象被嵌入在文本流中。如果在内联对象上面键入更多文本，它们会随着文本的增长被向前推动。内联对象顶部和左边的选择控制柄是不活跃的。不能拖移这些控制柄来调整对象大小；只能拖移活跃的控制柄来调整大小。

如果将图形或形状放置在另一个形状、文本框或表格单元格的内部，则它只能添加为内联对象。内联图像会自动调整大小以适合文稿的布局页边空白。若要将内联对象移到文本内的不同位置，请选择它，然后拖移，直至看到插入点出现在想要放置对象的位置。

如果将对象添加为一种类型的对象后想要将其转换为另一种类型的对象，这可以很容易实现。

以下是浮动和内联对象互相转换的几种方法：

（1）选择想进行转换的浮动或内联对象，然后点按格式栏中的"浮动"或"内联"按钮。

（2）选择想要进行转换的浮动或内联对象，点按工具栏上的检查器，点按绕排按钮，然后选择"内联（与文本移动）"或"浮动（不与文本移动）"。

2. 使用图表

在二维或三维图表中显示一个或多个表格内的数据。

当第一次创建图表时，图表出现在页面上，并且在"图表数据编辑器"中有占位符数据。当替换占位符数据时，图表会立即更新以反映自己的数据。图表可以与文本内联添加或浮动在页面上。

若要从数据创建新图表：

（1）通过执行下列任何一个步骤在页面上放置一个图表：

① 若要在文字处理文稿中添加一个内联图表，请点按工具栏中的"图表"，并从弹出式菜单中选择一种图表类型。或选取"插入" > "图表" > "图表类型"。

　　在文字处理文稿中，可以将内联图表转换成浮动图表，反之亦然。请选择想要转换的图表，并点按格式栏中的"内联"或"浮动"按钮。

　　② 按住 Option 键并在工具栏中点按"图表"，然后选取一个图表，在页面上绘制一个图表。松开 Option 键，然后在页面上移动鼠标指针直到它变成十字。在页面上拖移以创建具有想要的大小的图表。若要限制图表的比例，请按住 Shift 键并拖移它。

　　一个图表会出现在页面上，可以拖移该图表以移动和调整其大小；并且"图表数据编辑器"会打开，填充了占位符数据。"图表数据编辑器"是一个包含可编辑表格的窗口。此表格不会出现在页面中，但需要使用它来为创建的图表输入自己的数据。

　　（2）若要将数据输入到"图表数据编辑器"中，请执行以下任一操作：

　　① 若要编辑行和列的标签，请连按标签，然后键入。

　　② 若要添加或编辑单元格中的数字，请连按单元格，然后键入。

　　③ 若要重新排序行或列，请将行或列的标签拖到新位置。

　　④ 若要添加行或列，请点按"添加行"或"添加列"，以在选定的行的上方放置一行或在选定的列的左边放置一列。如果未选择行或列，则新行或新列会出现在表格的底部边缘或右边缘。（若要看到新行或新列，可能必须按下 Return 键或 Tab 键，或者扩大或滚动"图表数据编辑器"窗口。）

　　⑤ 若要删除行或列，请选择行或列的标签，然后按下 Delete。

　　⑥ 若要从 Excel、AppleWorks 或其他电子表格应用程序中拷贝数据，请拷贝数据并将其粘贴到"图表数据编辑器"中。

　　3. 使用形状

　　将预定义的形状置于文稿中，或绘制和编辑自己的形状。

　　（1）可以插入预绘制的形状，比如三角形、箭头、圆形或正方形，以作为简单图形使用。

　　添加预绘制形状的方法如下：

　　① 若要添加一个浮动预绘制形状，请在工具栏中点按"形状"，然后从弹出式菜单中选择一个形状。

　　② 若要添加一个内联的预绘制形状，请将插入点放在想要该预绘制形状出现的位置，然后选取"插入">"形状">"形状类型"。

　　③ 按住 Option 键并在工具栏中点按"形状"，然后从弹出式菜单中选择一个形状；鼠标指针会变成十字形。在页面上拖移以创建具有想要的大小的形状。若要强制形状按比例（例如，要保持三角形的三条边相等）显示，请在拖移时按住 Shift 键。

　　（2）可操控和重新造形已经放置在页面上的形状的点和轮廓。首先要将形状设置为可编辑，才可以使用此方法编辑形状。

　　使形状可编辑的方法如下：

　　① 若要使预绘制形状可编辑，请选择该形状，然后选取"格式">"形状">"使可以编辑"。

　　② 形状上会显示红点。拖移点以编辑形状。然后，若要编辑一个已成为可编辑的预绘制形状，请缓慢地点按它两次。

　　③ 若要使自定形状可编辑，请点按一次该形状将其选定，然后再次点按该形状以显示其所有编辑点。

4．编辑对象

使用多种方法在文稿中排列和格式化对象。

（1）拷贝对象的方法如下：

①若要拷贝和粘贴浮动或内联对象，请选择它，然后选取"编辑"＞"拷贝"。点按想要副本出现的位置。选取"编辑"＞"粘贴"。

②若要复制页面上的浮动或内联对象，请按住 Option 键并拖动对象。

③也可以选择对象，然后选取"编辑"＞"复制"。副本会出现在原始对象的上面，稍微偏移一点。将副本拖到想要的位置。

④不能复制内联对象。若要复制对象，它必须浮动在页面上。

⑤若要在两个 Pages 文稿间拷贝图像，请选择图像，然后将其图标从版式检查器中的"文件简介"栏拖到另一个 Pages 文稿的页面中。

（2）直接操控对象的方法如下：

① 若要移动浮动对象，请点按对象以选择它（此时出现选择控制柄），然后将它拖到新位置。

② 若要移动内联对象，请点按对象以选择它，然后拖移它直到插入点出现在文本中想要对象出现的位置。

③ 若要限制对象水平、垂直或以 45 度角度移动，请按住 Shift 键并开始拖移对象。

④ 若要以小幅增量移动对象，请按下一个箭头键，使对象一次移动一点。若要使对象每次移动十个点，请按住 Shift 键并按下一个箭头键。

⑤ 若要在移动对象时显示其位置，请选取"Pages"＞"偏好设置"，然后在"通用"面板中选择"当移动对象时显示大小和位置"。

⑥ 若要移动另一个对象内的文本或对象，请选择对象并选取"编辑"＞"剪切"。在想要对象出现的位置放置插入点，然后选取"编辑"＞"粘贴"。

（3）浮动对象成组和取消浮动对象成组。

可以将多个浮动对象组合在一起，以便它们可作为单个对象移动、拷贝、调整大小和调整方向。

可以编辑对象组中与形状或文本对象相关联的文本，但不能修改对象组中单个对象的其他属性。

如果无法选择某个对象或对象组，可能是它被锁定了；需要解锁它。若要了解如何操作，请参阅锁定和解锁浮动对象。

若要成组对象：按住 Command（或 Shift）键并选择想要成组的对象，然后选取"排列"＞"成组"。

若要取消对象成组：选择组，然后选取"排列"＞"取消成组"。如果该组已被锁定，请先解锁它。

若要选择与其他对象成组的单个对象：点按一次想要编辑的对象以选择对象所在的组，然后再次选择该对象。

如果点按一次无法选择想要的单个对象，则可能是因为它被嵌套在多个组层次中。再次点按，直到选定想要的对象。

2.3.6　共享文稿

设置文稿供打印，或导出文稿供其他应用程序使用。通过电子邮件发送文稿或在网上共享文稿。

1．打印文稿

以各种布局打印 Pages 文稿的全部或部分内容，并调整颜色设置。

（1）若要使用 Mac OS X 10.5 或更高版本来预览要打印的文稿：

① 选取"文件"＞"打印"。该文稿的一个小预览视图会出现在"打印"对话框中。

如果看不到文稿的预览视图，请点按"打印机"弹出式菜单右边的显示三角形。使用预览视图下方的箭头键来滚动浏览该文稿。

② 从"PDF"弹出式菜单中选取"在'预览'中打开 PDF"，以查看该文稿的完整大小的预览。

（2）若要打印整个文稿或一个页面范围：

① 选取"文件"＞"打印"。

② 从"打印机"弹出式菜单中选取想要使用的打印机。

③ 在"份数"栏位中键入想要打印的份数，如果想要每组页面先按顺序一起打印，然后再打印下一组，请选择"逐份打印"。

④ 若要打印整个文稿，请选择"页数"旁边的"全部"。

⑤ 若要打印一个页面范围，请选择"从"，然后在"从"字段中键入第一页的页码，并在"至"字段中键入最后一页的页码。

⑥ 点按"打印"。

2．导出为其他文稿格式

通过将 Pages 文稿导出至其他格式以在不同平台之间共享它们，或存储文稿以便能够使用上一个 iWork 版本来打开它。

（1）如果想要将 Pages 文稿共享给那些未使用最新版 Pages 的人员，则可以将文稿导出为他们也许能够在其电脑或其他设备上使用的文件格式：

① PDF：可以在 iBooks 中查看 PDF 文件，以及在"预览"和 Safari 中查看或打印它们。可以使用 PDF 应用程序编辑它们。Pages 文稿中使用的字体会保留在 PDF 文件中。Pages 文稿中的超链接会导出到 PDF 文件。此外，还会在 PDF 文件中给目录条目、脚注、尾注、网页、电子邮件地址以及书签创建超链接。

② Microsoft Word：可以在运行 OS X 或 Windows 的电脑上使用 Microsoft Word 来打开和编辑 Microsoft Word 文件。

③ 由于 Microsoft Word 和 Pages 的文本布局有差异，导出的 Word 文稿包含的页数可能不同于 Pages 文稿。也可能会注意到其他差别，例如，表格布局以及某些特殊版面特征可能不同。某些图形（尤其是那些使用透明度的图形）也可能不会显示。在 Pages 中创建的图表会显示为 MS 图形对象，可以在 Microsoft Word 中编辑这些对象。

④ RTF：可以在许多不同的文字处理程序中打开和编辑 RTF 文件。RTF 文件会保留大部分文本格式和图形。

⑤ 纯文本：可以在许多文本编辑应用程序（如"文本编辑"）中打开和编辑纯文本文件。导出为纯文本会移除所有文稿格式和文本格式，并且图像不会导出。

⑥ ePub：可以使用 iBooks 应用程序（在 iPad、iPhone 或 iPod touch 上）或任何 ePub 文件阅读器来打开 ePub 文件进行阅读。将文稿导出为 ePub 格式之后，必须将它传输到设备以在 iBooks 中阅读。若要了解有关将文稿优化成 ePub 格式、导出文稿以及将它传输到设备的更多信息，请参阅创建可在 iBooks 中阅读的 ePub 文稿。

（2）若要将文稿导出为 PDF、Microsoft Word、RTF 或纯文本文件格式：

① 选取"共享" > "导出"。

② 从显示在"导出"窗口顶部的一排选项中选择想要的文稿格式。

③ 如果要导出为 PDF，则必须选取图像质量（图像质量越高，生成的 PDF 文件越大）。

④ 点按"下一步"。

⑤ 键入文稿的名称。

⑥ 选取想要存储文稿的位置。

⑦ 点按"导出"。

第3章 网络工具

网络对人们的生活产生了深远的影响,在苹果的世界里有丰富的网络工具供大家使用。本章介绍了使用网络时常用的一些工具,包括浏览器、上传、下载工具、电子邮件以及网上聊天工具。通过本章的学习,读者能够了解及使用我们介绍的各种工具,尽情享受网络带给大家的便捷与乐趣。

3.1 浏览器 Safari

Safari 是 Mac OS X 中的预设浏览器,用来取代之前的 Internet Explorer for Mac。在 2003 年的旧金山苹果大会上,苹果公司揭晓了自家的 Web 浏览器- Safari ,并称其是:"有史以来最快捷最易用的 Mac 版 Web 浏览器"。从此 Safari 给喜欢网上冲浪的苹果用户带来了全新的感觉。由于 Safari 根植于系统,所以在加载页面的渲染方面速度很快,且字体的渲染效果也好,另外还集成了许多方便用户使用的其他功能,如将 Google 搜索功能直接集成到工具条中,方便用户进行快速搜索,支持 RSS(Really Simple Syndication,真正简单的整合)浏览。下面我们就来体验一下 Safari 。

点击 Dock 中的图标,或在 Finder 的应用程序中找到 Safari 用鼠标双击都可以启动 Safari 。如果我们的电脑已经连接到 Internet 上 ,那么启动 Safari 后,在其地址栏中输入我们想要访问的网址后确认,就可以浏览该网页了。在我们的图 3-1 中显示的是访问苹果中国的主页。可以看到和大多数应用软件一样,最上边是菜单栏,接着是工具栏和浏览窗口。对于 safari 的显示外观用户可以通过菜单栏中的"显示"菜单项来进行设置,能够设置隐藏或显示书签栏、状态栏以及工具栏,还可以自定义工具栏。关于各菜单项的具体作用和使用方法在这里就不一一介绍了,我们重点来看一下 Safari 的新特性。

图 3-1　Safari 界面外观

　　Safari 在工具栏中集成了 Google 搜索功能，对于我们想要查找的内容，只要在搜索栏中输入，按回车键后，就会启动 Google 搜索，返回需要的信息。如果需要重复以前的搜索，可以点击搜索栏中的放大镜，从弹出的下拉菜单中选择所需内容进行搜索。如图 3-2 所示，我们在搜索栏中输入 Safari 进行搜索，返回 Google 搜索找到的内容，点击搜索栏的放大镜处，出现我们最近进行搜索的内容。选择最后一项，清除最近的搜索，可以把这里的内容清除，再次点击放大镜，只会出现灰色的无最近的搜索一项。要详细察看搜索到的内容，和我们直接使用 Google 进行搜索时一样，只要在结果列表中点击相应的链接，就会进入该页面。另外需注意，如果在 Safari 中启用了家长控制，则 Google 搜索栏将无法使用，以对其设置了家长控制的用户身份登录后，打开 Safari 将看不到搜索栏。

图 3-2　在 Safari 中使用 Google 搜索

　　在 Safari 中支持 RSS 浏览，很多新闻机构、个人网络日志等都使用一种被称为 RSS

的技术，能够以新闻提要的形式为访问者提供标题和文章摘要。RSS 是一种描述和同步网站内容的格式，是目前使用最广泛的 XML 应用。对于使用者，我们可以简单地将 RSS 理解为一种方便的信息获取工具。Safari RSS 可以让我们获得这些新闻提要，并在一个简单的列表里一起浏览，从而使用户快速地找到自己感兴趣的文章，而且当某个网站上有新文章时，我们会得到通知。

　　在 Safari 中对 RSS 的设置是通过预置面板来实现的。我们选择菜单"Safari"中的"预置"一项，将会启动预置面板，上端列出可以在 Safari 中进行设置的各选项，点击 RSS ，出现如图 3-3 所示的页面。

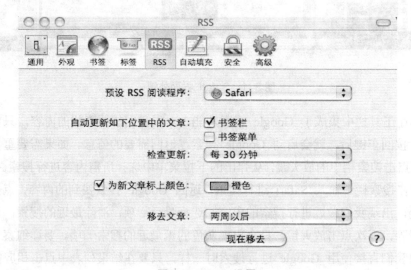

图 3-3　RSS 设置

　　"预设 RSS 阅读程序"一项可以让我们选择用哪个应用程序来打开 RSS 链接，现在可供使用的 RSS 阅读器有很多，在这里选择 Safari 就可以了。还可以设置自动更新选项，让我们在不访问那些站点时也可以自动更新 RSS 提要，可在"检查更新"一项中设置自动更新的频率。为了让新增的文章更加醒目，可以选取使用不同的颜色来标记自上次察看 RSS 提要以来新增的文章。"移去文章"选项可用来选取将文章信息保存在 RSS 提要中的时间。点击"现在移去"按钮可以删除为所有 RSS 提要存储的全部信息。

　　如果 Safari 可以在用户正在浏览的网站中找到 RSS 提要，在地址栏中就会显示 RSS 按钮。点击该按钮可以查看提要的内容，再次点击返回。许多网站都有多个 RSS 提要，但地址栏上的 RSS 按钮仅显示其中的一个，要找到其他的提要，可在网站中搜索相应的链接。当我们点击了地址栏中的 RSS 按钮或一个 RSS 提要链接时，Safari 将会显示已存储的来自该提要的所有文章的标题和摘要。如图 3-4 所示，在显示提要的页面中，如果要查找有关特定主题的文章，可在"搜索文章"一栏中输入要查找的关键词后确认，就会返回要查找的结果页面。对于在页面中显示的文章摘要的长度，可以通过"文章长度"滑块进行调节。在摘要的显示顺序上可以有不同的排序方式，点击"排序方式"下边的选项可以进行更改。在"最近的文章"一项，可以选择列出的不同时间，限制显示出的摘要内容。另外还可以在"操作"一项中，以邮件的方式发送当前页面的链接。

图 3-4　Safari RSS

　　在 Safari RSS 中我们可以创建书签，用来在 RSS 提要中搜索特定的内容，实现起来很简单，只要在 RSS 提要的"搜索文章"一栏中输入要搜索的关键词，然后选择菜单"书签"中的"添加书签"就可以了。另外还可以将 RSS 提要文章显示为屏幕保护程序。关于 Safari RSS 带给我们的诸多便捷之处，有待于使用者自己去亲身体验。

　　Safari 中提供了一套对书签进行使用和管理的方法。在书签菜单栏下可以添加书签及书签文件夹，对于不想再保存的书签，选中拖到废纸篓中就可以将其删除。在菜单 Safari"预置"中可对书签进行设置。对书签的管理可在"书签库"中进行，如图 3-5 所示，点击打开的书籍图标查看"书签库"，我们可以在"书签库"底部的搜索栏中快速搜索书签，也可在其中整理书签。在左栏中显示的为书签精选，包括"书签栏"、"书签菜单"、"地址簿"、"Bonjour"、"历史记录"和"所有 RSS 提要"精选。右栏显示书签的名称地址以及书签文件夹。要查看某个精选的内容，用鼠标单击即可，选中书签拖动到精选的名称上，可将该书签移入精选中，拖动图标的同时按住 Option 键，可将该书签拷贝到精选中，点击精选栏下边的加号可以添加精选，书签栏下边的加号用来添加书签，对于需要排列顺序的项，用鼠标上下拖动即可。

图 3-5　Safari 中的书签库

　　对于书签还可以输入和输出，选取菜单"文件"下的"输入书签"，可以从 IE、Netscape Navigator、Mozilla、OmniWeb 和 FireFox 等浏览器中输入书签。选择其中的"输出书签"可将书签直接输出到 HTML 文件中。

　　在 Safari 中使用标签浏览可以方便我们察看多个网页。在标签中打开一个页面时，不用另外打开新的窗口，标签栏会出现在书签栏的下面，页面名称显示在标签中。对于标签浏览的设置在 Safari 菜单中选取"预置"点击其中的"标签"一项来完成，如图 3-6。

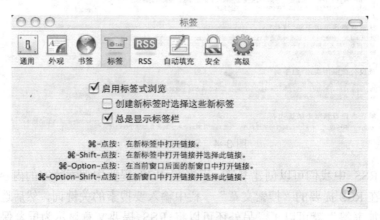

图 3-6　Safari 标签设置

　　接下来要介绍一下 Safari 中的安全设置如图 3-7，这是每个使用电脑的人都非常关心的问题。在菜单"Safari"下的预置中有安全一项，在这里可以对网络内容以及 Cookies 等进行设置。在最下方有启用家长控制一项，如果我们想限制孩子访问的网站，就可启用此项。该功能是针对某一用户进行设置，因此使用时，我们要以该用户身份登录，选用后要求输入管理员账号和密码，则此后该用户只能访问书签栏中列出的网站，要访问任何其他的网站，必须得到管理员的授权，才可将该网站加入书签栏中。

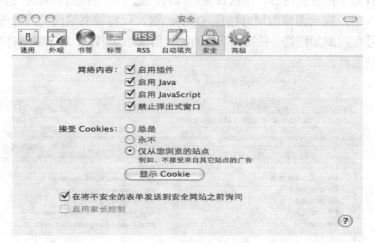

图 3-7　Safari 安全预置

　　在菜单"Safari"下，打开"秘密浏览"可以保护共享电脑上的秘密信息。这对于那些使用公共电脑来访问网站的用户是很有用的，当我们在网上浏览时，Safari 会将有关的信息存储到电脑上，包括查看过的网页内容和在某些网站上填写过的信息，如用户名、密码及卡号等，使用同一台电脑的人员就会很容易地看到这些信息。当我们打开"秘密浏览"后，就不用担心这种情况会出现了，当秘密浏览打开后，网页不会添加到历史记录中，项目会自动从"下载"窗口移除，信息不会为自动填充保存（包括用户名和密码），搜索词也不会添加到 Google 搜索框的弹出式菜单中。需注意的是，即使上次退出 Safari 时，"秘密浏览"是打开的，当再次使用 Safari 时，它仍处于关闭状态。

如果我们在使用公用电脑访问网站时，没有打开秘密浏览，又想快速清除个人的信息纪录，这时我们可以使用"Safari"菜单中的"重置 Safari"，该操作可以抹掉已访问网页的历史记录、清空缓存、清除下载记录和 Google 搜索条目，以及移去 Cookies 、用户名、密码等，或其他"自动填充"文本。

关于 Safari 除了以上我们介绍的各项功能外，它还有许多便捷之处。我们可以在 Safari 中直接查看 PDF 文档；可以将网页保存为 Web 归档，另外也可以在"编辑"菜单下选择"邮寄此页面内容"或"邮寄此页面链接"将网页作为 Web 归档通过电子邮件发送出去，或是只发送该网页的链接；Safari 还可以完成表单的自动填充，使我们在网上购物或进行网上商务变得轻松自如；当我们在网上浏览时，可以很轻松地通过它的 Snapback 返回到开始时的页面或所选定的书签位置。关于 Safari 我们就介绍这些，读者只有亲自使用才能体会到 Safari 的便捷之处。

3.2　浏览器 FireFox

FireFox（火狐浏览器）是一个自由的、开放源码的浏览器。它功能强大、使用便捷，我们以现行版本 FireFox 2010 中文版为例来介绍。

Firefox 的安装和其他苹果版的小应用程序一样，非常简单，用户可在网上下载相应版本的 .dmg 文件，鼠标双击打开后，如图 3-8 所示，在此处将其拖动到应用程序文件夹即可。这之后用户在 Finder 的应用程序中即可找到它，鼠标双击可打开使用。

图 3-8　安装 Firefox

当用户启动 Firefox 时，将进入用户设置的主页。这个主页可以是个人网站的首页、email 地址，也可以选择使用空白页面。默认情况下是 Firefox 的首页。这项设置是在菜单"Firefox"＞"首选项"中来进行的，如图 3-9 所示。在这里还包括"标签式浏览"以及"内容"、"安全"等方面的设置，用户可以根据需要自行改变。

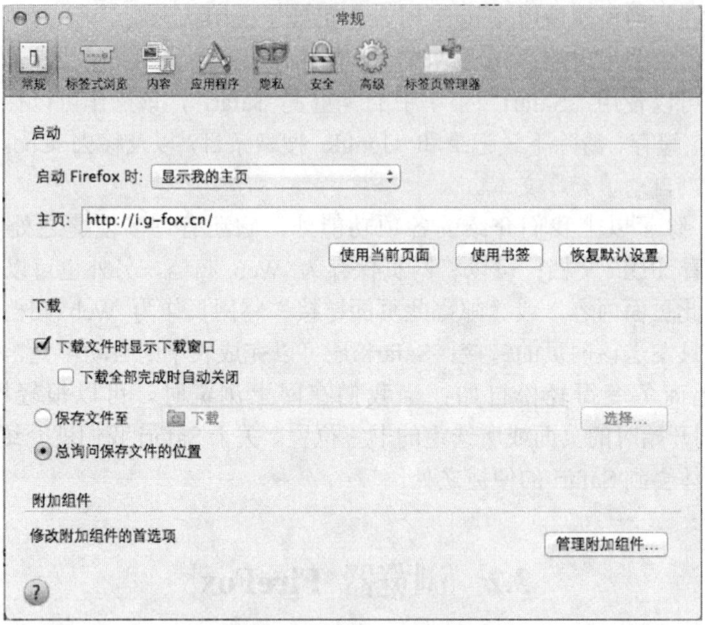

图 3-9　Firefox 首选项

火狐浏览器使用起来方便快捷。用户在地址栏中输入正确的因特网地址后确认，就可转到所需网页。在一次访问多个网页时，可以使用标签式浏览，使用户可以在单独的 Firefox 窗口中打开多个标签页，每个标签页显示一个网页。另外增加了"双击关闭标签"的功能，如图 3-10 所示，双击建立的标签页可将其关闭，双击标签栏空白处可建立新的标签，可使标签浏览更加方便。

图 3-10　快捷的标签操作

在 Firefox 中进行搜索非常方便，通过主页和搜索框都可实现。在搜索框中单击搜索引擎图标，会列出可供使用的搜索引擎，用户可以进行选择。选择"管理搜索引擎"，可以进行搜索引擎的添加、删除、重新排列等功能。 Firefox 允许在网络中搜索用户在网页上选定的关键词，首先在网页中选择某个词语，按 Ctrl 键并单击鼠标键，然后在弹出菜单中选择通过搜索引擎搜索"选择的词语"。 Firefox 将会打开一个新的标签页，使用当前选择的搜索引擎搜索用户选择的关键词。另外 Firefox 还可以在查看的当前页面中查找文本：按 CtrlCmd+F 或选择"编辑"＞"在当前页查找..."，将在 Firefox 底部打开查找工具栏。然后输入要查找的文本。在查找框中输入文本的同时，搜索会自动开始。

图 3-11　搜索功能

3.3　文件传输工具——Transmit

Transmit 是一款经典的运行在苹果电脑 Mac OS X 系统下的 FTP 客户端软件，因为其图标是一辆卡车 ，俗称"小卡车"。 Transmit 简单易用，可使用拖放模式操作，有文件续转和自动连线功能，能执行文件/文件夹同步。

用户想要进行文件传输，首先要连接到 FTP 服务器，如图 3-12 所示为启动 Transmit 时的界面。输入有效的 FTP 服务器地址，如果允许匿名访问，则用户名和密码可以不填，若采用 FTP 协议，则端口号为 21。Transmit 开始仅支持 FTP 及 SFTP 协议，到 3.0 版本之后，开始支持 FTP 中含 TLS/SSL ，以及 WebDAV、WebDAV HTTPS 等协议。所需内容填写完毕后，点击"连线"按钮，Transmit 开始和服务器进行连接。

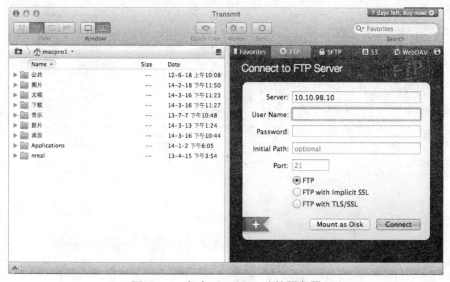

图 3-12　启动 Transmit 连接服务器

连接成功后，将会列出服务器端的内容，鼠标双击文件夹会进入到下一层，找到所需的内容从远端拖拽到本地位置后，即可进行下载。如果想上传文件，则在本地找到相应文件，拖拽到远端相应位置即可。还支持简单预览功能，点击工具栏中的"预览"按钮，会在侧栏列出所选项的简要信息，如图3-13。

图 3-13　本地及服务器资源列表

Transmit 中支持标签的功能，使用户可以在单个窗口中，连接到多个服务器，更加便于操作。选择"档案"菜单下的"新增标签页"将会出现新的标签。用户可在新的标签页连接到另一个服务器进行文件传输，在多个标签页可以很方便地进行切换。如图3-14所示，为使用两个标签页来连接两个不同的服务器。

图 3-14　使用标签页

Transmit 可自动寻找新增或变更的文件，以使本地和服务器端的文件夹同步，如图

3-15 所示。

图 3-15　同步处理

3.4　下载工具 iGetter

iGetter 是 Mac 上常用的互联网下载工具，由于其界面简洁、使用方便，而受到许多用户的喜爱。iGetter 具有的主要特点如下：

支持续传功能，支持多线程（加速）下载，以及检查日期和文件大小。

与浏览器兼容，监视剪贴板中的互联网地址，将为用户大幅度提高下载速度。

可以监控用户在互连网上的每一个超链接点击来自动添加下载；可以设定定时下载来避开网络使用高峰时段，完成后断开连接；另外支持 HTTP 和 FTP 代理，以及 Socks 防火墙。

iGetter 的安装很简单，只要双击打开安装磁盘映像文件，从中将 iGetter 拷贝到所需位置即可。启动 iGetter 后界面如图 3-16 所示，最上边是菜单栏，下边是主窗口。

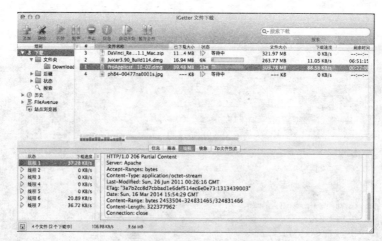

图 3-16　iGetter 工作界面

使用 iGetter 进行下载很方便，用户可以通过"iGetter "菜单下的"偏好设置"菜单项来进行一些常用的配置，其中包括一般选项、连接选项、加速选项、代理选项、兼容选项等，如图 3-17 所示。

图 3-17　偏好设置

这里只介绍几个常用的选项。在一般选项中，用户可以设置下载文件的保存位置、同时最大下载数以及历史纪录的保存天数等内容，如图 3-18 所示。

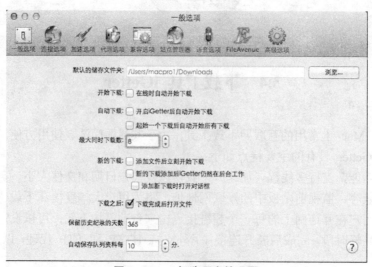

图 3-18　一般选项中的设置

在连接选项中，主要是针对出错情况下的一些设置，包括遇到错误重新连接的最大次数、超时重新连接的时间设定等，这里用户均可采用默认设置，如图 3-19 所示。

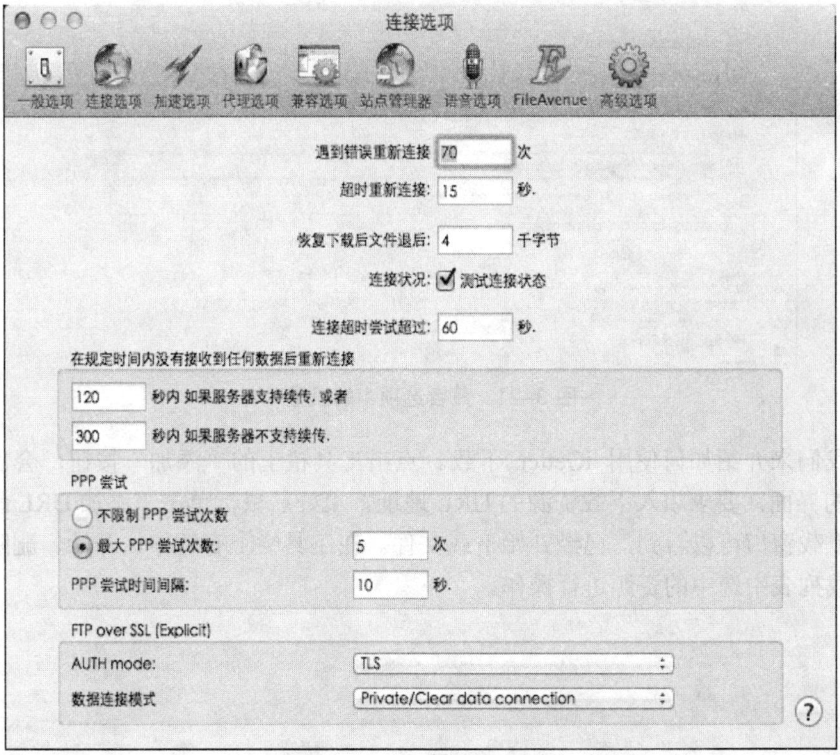

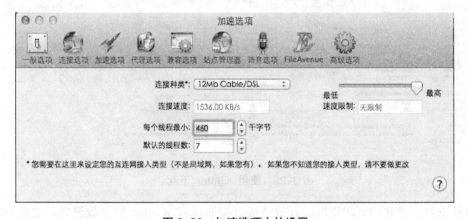

图 3-19　连接选项中的设置

加速选项中需要设置互联网连接类型，对连接速度的限制以及默认开启的线程数，如图 3-20 所示。

图 3-20　加速选项中的设置

另一个用户经常需要更改的设置是兼容选项。如果用户想对浏览器中显示的下载资源点击后就能使用 iGetter 下载，而不需手动添加其 URL 地址，则需在此选项中选择上"和浏览器兼容"一项，在更改设置前，需要退出所有打开的浏览器，如图 3-21 所示。

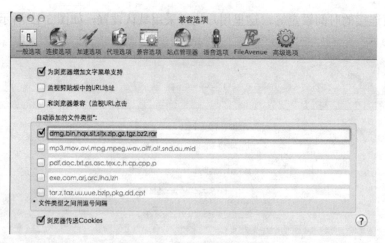

图 3-21　兼容选项中的设置

下面我们来介绍如何使用 iGetter 下载。点击工具栏上的"添加"按钮，会出现如图 3-22 所示的界面，要求填入下载资源的 URL 地址，填好后鼠标单击"添加 URL 地址"按钮，则在下载窗口可以看到，已经开始下载文件。在工具栏上有暂停、开始、删除等按钮可对在下载列表中选中的资源进行操作。

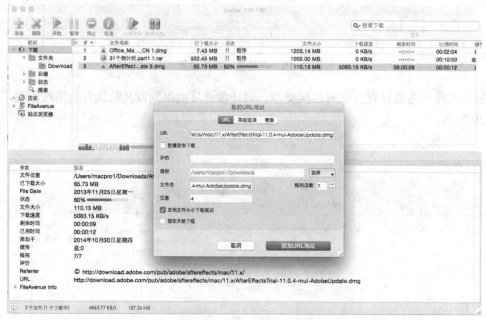

图 3-22　使用 iGetter 下载

另外也可将找到的下载资源的有效链接直接拖拽到 iGetter 的下载窗口，也会开始下载。如果已经搜索到一个有效下载资源，鼠标移动到链接处按住，将其拖到打开的 iGetter 下载界面中，iGetter 将会识别出资源的有效 URL 地址，开始下载。

如果在"偏好设置"中，勾选上了"和浏览器兼容"一项，则点击下载资源链接后，自动使用 iGetter 进行下载。

3.5 电子邮件 Mail

随着网络技术的发展，电子邮件的应用越来越普及，已经出现了很多优秀的电子邮件应用程序。这些电子邮件软件大体上可以实现三种职能：接收和发送邮件信息、保存和检索邮件，以及存储名字和地址。Mac OS X 的 Mail 应用程序提供了良好的电子邮件支持，受到了许多用户的喜爱。

在开始使用电子邮件时，我们需要连接到因特网上并且要获得有效的电子邮件账户，这个账户包括用户名称和密码，是使用者向 ISP 进行电子邮件服务申请时获得的。另外在使用这些电子邮件应用软件时，我们还应该对邮件的收发过程有一个简单的了解。当我们使用电子邮件软件发送和接收邮件时，都是要和 ISP 提供的邮件服务器打交道，而不是两个用户端直接的收发。传送电子邮件所采用的协议叫做 SMTP 协议（Simple Mail Transport Protocol，简单邮件传输协议），它保证把各种类型的电子邮件通过这一协议从一台邮件服务器发送到另一台邮件服务器上。在接收邮件时，使用的是 POP（邮局协议）或 IMAP（因特网消息访问协议）。POP 是比较早的协议，现在常用的是其第三版本即 POP3，主要功能是从一台邮件服务器上把邮件传输到本地硬盘上。IMAP 现在较新的版本是 IMAP4，这个协议让用户在自己的 PC 机上就可以操纵 ISP 的邮件服务器的邮箱，就像在本地操纵一样，使用它最大的好处就是用户可以在不同的地方使用不同的计算机随时上网阅读和处理自己的邮件。并不是所有的 ISP 都提供 IMAP 支持，有一些两者都支持，有一些只支持 POP。我们知道，用户端的邮件信息是从邮件服务器那里获得的，因此我们要清楚邮件服务器的名称，这些信息可以从 ISP 那里获得，一般发送邮件服务器类似 smtp.服务器名称.com，接收邮件服务器为 POP. 服务器名称.com。例如，新浪任你游用户的发送服务器为：smtp.vip.sina.com，接收邮件服务器为：pop3.vip.sina.com。

有了以上的准备信息后，我们来具体看一下 Mail 电子邮件的使用。如图 3-23 所示，启动 Mail 后，最上边是菜单栏，接下来的工具按钮用来进行基本的操作，"搜索"框用来搜索所输入的文本，Mail 会在所有的邮件中进行搜索。下面的窗口分成了两部分，左边显示已有的邮箱，右边上半部分为所在邮箱中的邮件列表，下半部分为当前选择邮件的显示信息，显示列表的顺序可以按发件人、主题、日期等顺序来排列。

图 3-23 Mail 启动界面

为了能够更好地使用它，我们先要对相关信息进行设置。启动 Mail 后，选择菜单"Mail"下的预置项，可看到如下信息：

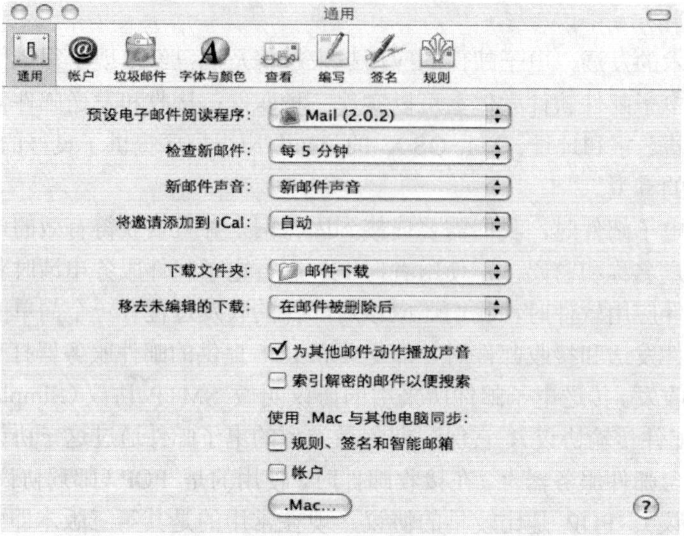

图 3-24 Mail 预置

顶部的通用、用户等按钮用来调节各个预置选项，将分别进行介绍。在通用选项中，如图 3-24 所示，可以设置电子邮件阅读程序，检查新邮件的间隔时间以及新邮件提示音等信息，底部有一个 .Mac 按钮，点击可以进行 .Mac 账户申请，.Mac 帐户是 Apple 公司的 .Mac 服务所提供的 IMAP 帐户，成为 .Mac 会员后就可以享受在线存储等服务，这会有一定的费用，如想先对其有个了解，可申请 60 天的免费试用。

在计算机安装过程中可能已经建立了一个或多个账户信息，当我们要对其进行修改，或添加删除账户信息时，可在账户预置中进行。

图 3-25 Mail 账户预置

　　添加新账户时可以选择 Mail 程序"文件"菜单下的"添加账户"，也可以点击图 3-25 底部的"＋"按钮。会出现如图 3-26 所示的信息，在账户类型一项中，可以从下拉菜单中选择 .Mac、POP、IMAP、Exchange 四种类型中的一种，其中的 Exchange 帐户允许通过 IMAP 连接到 Exchange 服务器，可以为账户取一个喜欢的名字，输入电子邮件地址后，选择继续，会出现要求输入收件邮件服务器的信息：接收邮件服务器的信息、用户名和密码，这些在我们申请电子邮件服务时都会获得。下一步是对发件服务器进行设置，按要求完成后，会出现类似图 3-25 所示的账户信息。对于想要删除的账户，选中后点击图 3-25 底部的"－"按钮，进行确认后，就可将其删除。

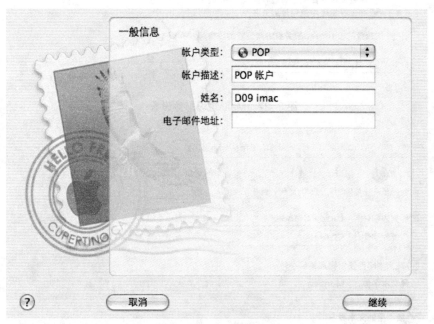

图 3-26　Mail 新建账户

　　Mail 可以分析收到的邮件的内容，并识别哪些邮件可能是垃圾邮件。要打开垃圾邮件过滤，选择"预置"中的 "垃圾邮件"，如图 3-27 所示，选择"启用垃圾邮件过滤"。当初始使用 Mail 时，对垃圾邮件的处理处于训练阶段，所有被认为是垃圾邮件的都将被着色，当 Mail 正确识别大部分垃圾邮件时，就可以在"垃圾邮件"预置中选择让垃圾邮件自动转送到特殊的"垃圾"邮箱。要设置垃圾邮件的标准，点击"高级"按钮，然后编辑"垃圾"规则。一些 ISP 安装的是他们自己的垃圾过滤软件，如果软件检测到邮件是垃圾，它在邮件中插入"X 垃圾旗标"，如果选择"信赖我的 Internet 服务提供商设置的垃圾邮件标头"， Mail 将查找该标头，然后将邮件标记为垃圾。

　　接下来是设置邮件显示的字体和颜色的预置项，如图 3-28 所示，在这里用户可以选择自己喜欢的字体和颜色来阅读邮件，使邮件更易读，这里的设置并不会影响传送邮件本身的字体和颜色。

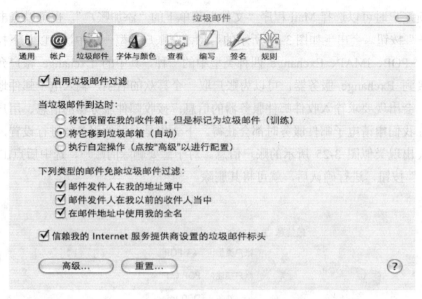

图 3-27 Mail 垃圾邮件设置

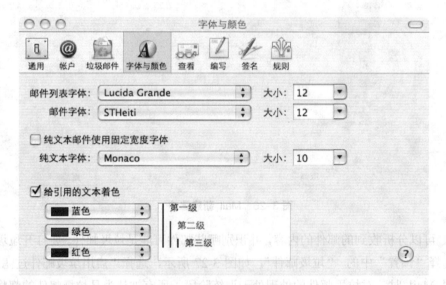

图 3-28 Mail 字体和颜色设置

查看预置用来设置收到邮件将会显示的相关属性，如图 3-29 所示，我们收到的每个邮件都有详细的"标头"部分，它显示邮件传送的路由和有关邮件和发件人的技术细节，如果每个邮件在长标头列表中都有想查看的标头，我们可以自定 Mail 在所有邮件中显示哪些栏，这可在"查看预置"中完成。从"显示标头细节"弹出式菜单中选择"自定"，要添加标头栏，请点按添加（+）按钮，键入标头名，然后点按"好"，要移去标头，在列表中选择标头，然后点按删除（-）按钮。有些垃圾邮件可能会使用 HTML 嵌入图形，在从发件人的服务器上取回邮件时，这些图形会泄漏有关电脑的地址和读取邮件的时间等信息。如果 Mail 检测到某个邮件是垃圾邮件，它就不会载入 HTML 图像。我们可以在"察看预置"中关闭显示邮件中的 HTML 元素，在这里取消选择"在 HTML 邮件中显示远程图像"注记格就可以了。当我们选择使用"使用智能地址"时，地址栏中将只显示"地址簿"

和"以前的收件人"列表中的联系人的姓名,而不显示其电子邮件地址,不在"地址簿"或"以前的收件人"列表中的名称仍将以完整形式出现(即同时包括名称和邮件地址)。

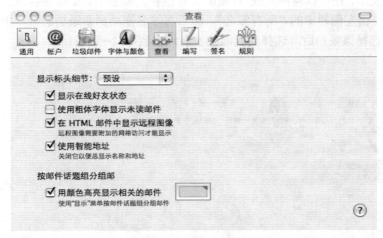

图 3-29 Mail 查看预置

"编写"预置用来控制外发邮件的样式。如图 3-30 所示,在这里可以设置编写邮件的格式是采用多信息文本还是纯文本,还可设置拼写检查的时间,邮件地址填写以及回复邮件时的信息。我们要注意一下,"使用与原邮件相同的格式"这个选项,因为我们收到的邮件可能是纯文本的也可能是多信息文本的,选择此项后,我们在回复时可以自动地按照发件人使用的方式进行反应。

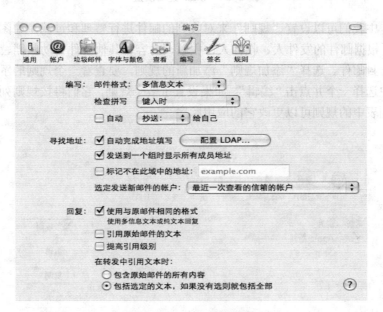

图 3-30 Mail 编写预置

当我们发送邮件时,可以准备好一份个性化签名附在邮件当中,可以是文本信息也可以包含图片。可以为每个邮件帐户添加一个或多个签名,新邮件"标头"中的"签名"弹出式菜单允许我们为邮件选取一个签名。在"签名预置"中选择要创建签名的帐户,点击添加(+)按钮,然后输入此签名的说明。Mail 会创建一个预设的签名,在预设签名中可以去掉不想使用的任何一部分，然后输入自己的文本。选择"总是匹配我的预设邮件字体"，或使用"格式"菜单更改字体、颜色、样式和签名文本的对齐方式，在添加格式时，签名会变为多信息文本，还可以将图片或 vCard 文件拖移到签名中。要将签名添加到为他人创建的帐户中，点击左侧栏中的"所有签名"，然后将签名拖动到要添加的帐户中。要从帐户中删除签名，选择该帐户后，选择要删除的签名点击删除（－）按钮。

图 3-31　Mail 签名预置

在 Mail 中我们可以设置"规则"来对收到的邮件进行整理和过滤，如图 3-32 所示。可以让 Mail 根据邮件的发件人、收件人、主题、内容和其他条件自动归档、转发、回复或高亮显示一封邮件。选择"添加规则"添加新的规则，要查看一个规则的示例，从提供的规则列表中选择一个并点击"编辑"。如果设置了多个规则，它们将按规则列表中的顺序应用。拖动列表中的规则可以更改它的应用顺序。

图 3-32　Mail 规则预置

完成预置之后，我们来看一下在 Mail 中怎样进行邮件的收发。读邮件很简单，如果我们的收件箱中有邮件，就会如图 3-33 那样列出来，最上边会列出共有多少封邮件，有多少未读。可以手动检查新邮件，也可以将 Mail 设置为定期自动检查新邮件，要手动检查邮件，选取"邮箱">"接收所有新邮件"，在"通用预置"中可以设置自动接收，如果有邮件等待阅读，Dock 中的 Mail 图标上就会出现一个红色圆圈，并显示收件箱中未阅读邮件的数量。在邮件显示窗口中，未读邮件旁边会出现一个蓝点。选择想要阅读的邮件，窗口下半部分就会显示其标头信息和内容，在打开带有附件的电子邮件时，标头将会列出附件的数量和大小，可以打开附件进行阅读也可以对其进行存储，在其他地方使用。

图 3-33　Mail 邮箱列表

发送邮件有几种方式：可以点击图 3-43 上的"新建"，在打开的窗口中输入新的邮件信息；选中接收列表中的一封邮件，点击"回复"，打开带有发件人地址的编辑窗口；选中邮件，点击"全部回复"，打开带有发件人地址和所有其他收件人地址的编辑窗口；选中邮件，点击"转发"，把该邮件发送给其他人。所有这些情况，看起来如图 3-43 所示。对于收件人的地址信息可以手动输入，也可以点击"地址"按钮，打开地址簿选择需要的地址拖动过去，在我们阅读邮件时，鼠标停放在发件人或收件人的地址处，可以从弹出的下拉菜单中选择将其添加到地址簿中。邮件可以带有一个或多个附件，添加时可将文件直接拖到正文中或使用"附件"按钮。编写完成后，可点击"发送'按钮，将其发送出去，对于暂时不想发送的，可以选择将其保存为草稿。

信息

发送　回复全部　聊天　附带　字体　颜色　地址　存储为草稿

收件人：　paper@nankai.edu.cn

抄送：

主题：信息

签名：　签名 #1

您好：

　　来信已收到，多谢您提供的数据。

xiaong@vip.sina.com

图 3-34　写电子邮件

3.6　网络聊天工具——iMessage 信息

　　"信息"是通信应用程序，让用户与朋友保持联系、聊天变得轻松有趣。使用"信息"，可以：

　　将信息发送给使用 iPhone、iPad、iPod touch、Mac 和 PC 的朋友。

　　使用现有 Apple ID（适用于 iMessage）或 AIM（包括 me.com 或 Mac.com）、Jabber、Google Talk 和 Yahoo! 帐户。

　　将所有信息集中在一个易于使用的窗口，如图 3-35 所示。在 FaceTime 中启动视频通话，或者在"信息"中启动视频聊天或音频聊天，或者共享照片和演示文稿，或者共享屏幕。

开始对话。 开始视频或音频聊天。

输入信息。

图 3-35 信息窗口

可以使用现有 Apple ID 登录到 iMessage。如果设置了 iTunes 或 iCloud 帐户，则有 Apple ID。如果没有 Apple ID，则可以在"信息"中创建一个。使用 iMessage，可以在 iPhone、iPad、iPod touch 和 Mac 上发送和接收无限条的信息。

（1）在"信息"中，选取"信息" > "偏好设置"，然后点按"帐户"。

（2）选择 iMessage 帐户，输入 Apple ID，然后点按"登录"。

如果没有 Apple ID，请点按"创建 Apple ID"。

也可以登录 AIM（包括 me.com 和 Mac.com）、Jabber、Google Talk 和 Yahoo! 通信帐户，或者使用 Bonjour 给本地网络上的联系人发送信息。

如果使用 iMessage 与联系人开始视频聊天，则将在 FaceTime（独立应用程序）中开始视频通话。

如果使用 AIM（包括 me.com 和 Mac.com）、Jabber、Google Talk 或 Bonjour 与联系人开始视频聊天，则视频聊天将在"信息"中进行，如图 3-36 所示。

与 "Susan Park" 进行视频聊天

效果

邀请更多联系人 静音 放大为全屏幕。
加入视频聊天。

添加背景和视频效果。

图 3-36 信息窗口视频聊天

一次可与多达三个具有相同帐户类型的朋友进行视频聊天。例如，可以与 AIM 好友进行视频聊天，但不能邀请 Jabber 好友加入该视频聊天。一次只能参与一个视频或音频聊天。

联系人加入视频聊天但没有摄像头时，他或她将使用其好友图片和音量指示器表示。

"信息"是通信应用程序，让用户与朋友保持联系变得轻松。使用"信息"，可以：

• 将信息发送给使用 iPhone、iPad、iPod touch、Mac 和 PC 的朋友。

• 使用现有 Apple ID（适用于 iMessage）或 AIM（包括 me.com 或 Mac.com）、Jabber、Google Talk 和 Yahoo! 帐户。

• 将所有信息集中在一个易于使用的窗口。

• 在 FaceTime 中启动视频通话，或者在"信息"中启动视频聊天或音频聊天，或者共享照片和演示文稿，或者共享屏幕。

可以使用"信息"一次与多达九个其他联系人进行音频聊天，如图 3-37 所示。

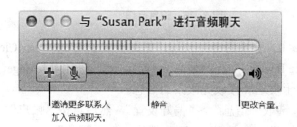

图 3-37　信息窗口

AIM（包括 me.com 和 Mac.com）、Jabber、Google Talk 或 Bonjour 支持音频聊天。

音频聊天的每个人都必须使用相同的帐户类型。例如，可以与 AIM 好友进行音频聊天，但不能邀请 Jabber 好友加入该音频聊天。一次只能参与一个音频聊天。

如何设置 iMessage 帐户呢？

（1）选取"信息">"偏好设置"，点按"帐户"，然后在"帐户"列表中选择"iMessage"。

（2）输入 Apple ID 和密码，然后点按"登录"。

如果没有 Apple ID，请点按"创建 Apple ID"。如果忘记密码，请输入 Apple ID 并点按"忘记了密码？"如果忘记 Apple ID，请在"Apple ID"栏中输入任意内容，然后点按"忘记了密码？"。

（3）登录后，可以执行以下操作：

启用发送和接收 iMessage 信息：选择"启用这个帐户"。

查看 Apple ID 帐户信息：请点按"详细信息"。

接收发送至电子邮件地址和电话号码的信息：点按"添加电子邮件"，然后输入电子邮件地址。选择想要用来接收信息的电子邮件地址和电话号码。

如果为 Apple ID 添加新电子邮件地址，将向该地址发送一封验证电子邮件。请遵循电子邮件中的说明，以便地址可以配合"信息"使用。

如果电话号码已与 Apple ID 相关联，该电话号码会自动添加到列表中。设置 iPhone 以使用 Apple ID 时，电话号码会与 Apple ID 相关联。

启用阅读收条：选择"发送已读回执"。

如果启用已读回执，发送信息的联系人将会看到阅读时间。

注销：点按"注销"。

iMessage 是安全的通信服务，可用于在 Mac、iPhone、iPad 和 iPod touch 上发送和接收信息。无需等待朋友转为在线。可以给他们发送信息，而他们将在移动设备上收到信息，或者下次在 Mac 上打开"信息"时查看信息。

可以使用电话号码或电子邮件地址将信息发送给联系人，而不使用好友名称。如果已在"通讯录"中输入联系信息，则可以输入其名称，然后选取想要发送信息的电话号码或电子邮件地址。

其他人向电子邮件地址发送 iMessage 时，将会在所有设置来接收发送至该电子邮件地址信息的设备上（Mac 电脑和安装了 iOS 5.0 或更高版本的设备）接收该信息。其他人向电话号码发送 iMessage 时，用户将会在所有设置来接收发送至该电话号码信息的设备上（Mac 电脑和安装了 iOS 6.0 或更高版本的设备）接收该信息。查看 iMessage 对话时，将看到所有信息（包括从 Mac 或 从 iOS 设备上发送的那些信息），因此无论在哪里，都可以与朋友交谈。

若要将"信息"配置为发送和接收 iMessage 信息，请更改"信息"的"帐户"偏好设置。

第四章　专业视频编辑软件 Final Cut Pro

  Final Cut Pro 是苹果公司开发的专业视频编辑程序，Final Cut Pro 提供了高性能的数码非线性编辑功能，本身支持几乎任何视频格式，还具有专业级扩展性和互用性。其工作流程还适用于其他 Final Cut Studio 应用程序和 Final Cut Server，使它们表现出更强大的功能。不管是单独工作还是团队协作，Final Cut Pro 都能为用户提供所需的创造性选项和技术控制。Final Cut Pro 是 Final Cut Studio 的核心，功能强大，可与其他 Final Cut Studio 应用程序进行配合使用。借助 Final Cut Pro，可以随心所欲地进行编辑，包括从未压缩的标准清晰度视频到 HDV、DVCPRO HD 和未压缩的高清晰度视频，以及 Panasonic P2 和 Sony XDCAM HD 无像带格式。可以在开放格式时间线中混合并匹配各种格式，乃至帧速率。Final Cut Pro 包括整套专业编辑和修剪工具，可帮助高效工作，还有各种各样的自定选项，为用户带来灵活性和控制性。它还包括功能强大的多摄录机编辑工具，使可以实时查看并剪辑多个源中的视频。

4.1　Final Cut Pro 概览

4.1.1　打开 Final Cut Pro

我们可以通过打开 Final Cut Pro 并创建样本项目来着手。

要打开 Final Cut Pro：

1. 在"应用程序"文件夹中，连按 Final Cut Pro 图标。

2. 如果看到"选取设置"对话框，点按"好"以接受默认设置。

打开 Final Cut Pro 时，它会检查摄像机和其他设备是否已连接到电脑。如果没有连接用于采集视频的设备，将出现一个对话框，询问是想要连接设备并让 Final Cut Pro 再检查一遍，还是不连接设备并继续，如图 4-1 所示。

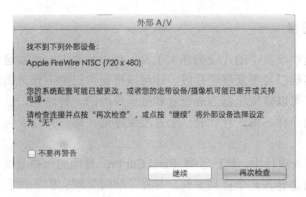

图 4-1 外部设备检查

3．点按"继续"。

打开 Final Cut Pro 时，屏幕看起来与如图 4-2 所示的这样：

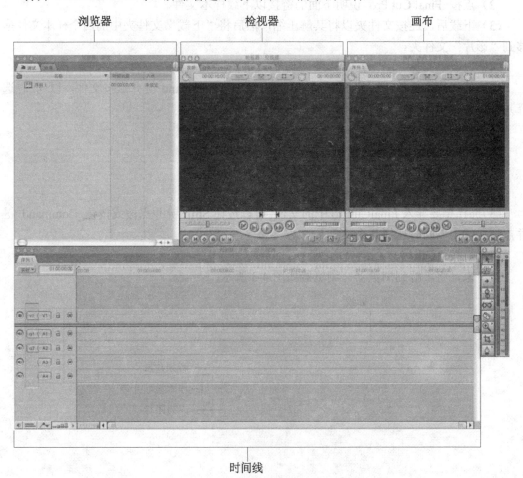

图 4-2 Final Cut Pro 界面

4．在左侧会看到浏览器，可以在其中创建项目并整理存储片段的媒体夹。下面，可以了解简单的视频编辑工作流程。

4.1.2 了解浏览器

浏览器是用来组织项目中的片段的强大工具。在浏览器中，可以通过许多方法将片段排序、更改它们的名称以及重新整理片段。还可以根据自己的工作习惯来自定义浏览器显示片段信息的方式。可以将浏览器当成查看和处理片段的一种途径，这些片段就像位于数据库或电子表格中的一样。每一行代表一个片段或序列，每一列代表包含该片段或序列信息的属性栏位。

首先，将片段导入项目中，然后了解 Final Cut Pro 界面的一些重要部分。如果的电脑上已有视频文件，随意导入几个视频文件，并在了解时处理它们。稍后，将了解到有关从摄录机或其他设备采集视频的更多信息。

1. 准备导入样本视频文件

（1）在 Final Cut Pro 中，选取"帮助" > "Final Cut Pro 帮助"。

（2）点按 Final Cut Pro 说明下面的链接以下载样本文件。

（3）下载后，连按文件夹以将其解压缩，然后将"下载"文件夹中的四个样本文件拖移到"影片"文件夹。

（4）选取"文件" > "导入" > "文件"。导航至"Movies"文件夹。

（5）选择样本文件。按住 Shift 键并点按或按住 Command 键并点按文件，以同 时选择几个文件。

（6）点按"选取"。

2. 要导入电脑上已有的视频文件

（1）选取"文件" > "导入" > "文件"。

（2）导航至存储视频文件的文件夹。

（3）选择想要导入 FinalCutPro 中的文件。可以按住 Shift 键并点按或按住 Command 键并点按文件，以同时选择几个文件。

（4）点按"选取"。

接下来，将了解到浏览器。浏览器如图 4-3 所示：

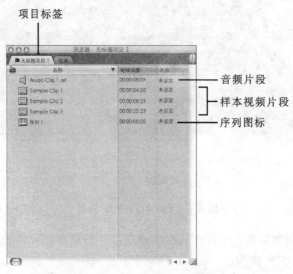

图 4-3 Final Cut Pro 浏览器

可以随意尝试以下任何操作，看看会发生什么。

3．更改浏览器显示

（1）选取"显示"＞"浏览器项目"＞"为大图标"，以图标形式显示片段。

（2）选取"显示"＞"浏览器项目"＞"为小图标"，以较小的图标形式显示片段。在浏览器内拖移片段，以将其重新放置或重新排序。

（3）选取"显示"＞"浏览器项"＞"为列表"，以项列表形式显示片段。

4．创建并处理媒体夹

（1）选取"文件"＞"新建"＞"媒体夹"，以创建新媒体夹来存储片段。键入"Samples"作为媒体夹的名称，并按下 Return。

可以创建像文件夹一样的媒体夹，以在项目中存储和整理片段。

（2）按下 Command-B 键以创建另一个媒体夹。给它命名为"Samples 2"并按下 Return。

（3）连按"Samples"媒体夹打开它。点按关闭按钮关闭媒体夹。点按"Samples 2"媒体夹选择它，并按下 Return 打开它。按 Control-W 关闭媒体夹。

（4）选择"Samples 2"媒体夹并按下 Delete 删除它。

5．在浏览器中选择项目

（1）在浏览器中点按项目。按下向上箭头键和向下箭头键，以选择项目。

（2）在浏览器中，按住 Shift 键并点按项目。

6．创建新序列

序列是一种容器，用于按时间先后顺序将片段编辑在一起。编辑过程涉及决定要将哪些视频和音频片段项放入序列、片段的排列顺序以及每个片段的时间长度。序列在浏览器中创建。要将片段编辑到序列，请从浏览器在时间线中打开序列。序列包含一个或多个视频和音频轨道，第一次创建时，这些轨道为空。将片段编辑到序列时，会将片段的各个片段项拷贝到序列。例如，将包含一个视频轨道和两个音频轨道的片段拖到时间线中，则视频片段项将被放置在时间线的视频轨道中，而两个音频片段项将被放置在两个音频轨道中。在序列中，可以将任何片段项移动到任何轨道中，从而按想要的方式排列媒体文件的内容。

要创建新序列：

（1）选取"文件"＞"新建"＞"序列"。此时项目中会出现一个新序列图标。序列表示时间线中的片段。序列能存储场景、影片的一部分或整个影片。

（2）选择序列并给它命名为"场景 1"和"场景 2"。

（3）连按"场景 2"序列图标，同时请注意，时间线中现已有两个序列标签，如图 4-4 所示。

图4-4　序列标签

（4）在时间线中，点按序列标签，以在序列之间切换。在时间线中打开序列后，可以将想要的片段放在该序列中。

7. 要查看更多的浏览器信息

（1）拖移浏览器底部的滚动条，以查看片段信息的附加栏。

（2）按住 Control 键并点按浏览器中的项目，以调出有用命令的快捷菜单。在浏览器中点按，以关闭快捷菜单。

8. 将更改存储到项目

选取"文件">"存储项目"，以存储工作内容。用喜欢的任何名称给项目命名。

4.1.3　了解检视器

检视器用于查看片段的媒体和准备片段，然后将它们编辑到序列中。可以使用检视器查看和编辑单个片段，设定入点和出点，设定标记等。

检视器的功能众多。可以使用检视器来：

• 定义片段的入点和出点，然后将片段编辑到序列中。

• 在音频标签中调整音量和声相。

• 打开序列中的片段以调整时间长度、入点和出点以及过滤器参数。

备注：对序列中打开的片段所做的更改仅应用于该序列中的片段。如果对浏览器中打开的片段进行更改，这些更改将只会出现在浏览器的片段中。

• 将过滤器添加到片段以及调整应用到片段的过滤器。

• 调整片段的运动参数以修改参数（如缩放、旋转和不透明度等），或者使这些参数产生动画效果。

• 调整发生器片段控制。

发生器是特殊片段，可以由 Final Cut Pro 生成，所以它们不需要源媒体。Final Cut Pro 的发生器可以制作颜色遮罩、不同类型的文字、渐变、彩条和白噪声。有关更多信息，请参阅"使用发生器片段"。

• 从已编辑序列打开一种转场（例如叠化或划像）以进行详细编辑。

要在检视器中工作，必须使其成为当前选定（即活跃）的窗口。否则，使用的任何命令或键盘快捷键都会执行错误的操作。要显示检视器（如果尚未打开），则必须从浏览器或时间线中打开一个片段。

检视器是查看来自浏览器的源片段，然后将它们编辑到序列中的地方。也可以打开序列中已有的片段，从而调整时间长度、入点和出点及过滤器参数。在检视器中打开片段有很多种方式。可以选取认为最方便的方法。

要通过浏览器在检视器中打开片段，执行以下操作中的任意一项：

• 在浏览器中选择片段，然后选取"显示">"片段"。

• 在浏览器中，按住 Control 键并点按片段，然后从快捷菜单中选取"在检视器中打开"。

• 在浏览器中连按片段。

• 将片段从浏览器拖到检视器。

• 在浏览器中选择片段，然后按下 Return 键。

备注：在浏览器中，按 Enter 键与按 Return 键功能是不同的。按 Enter 键可以更改片段的名称。

• 在检视器中，从窗口右下角"最近使用的片段"弹出式菜单中选择一个片段。

要从画布或时间线来打开检视器中的序列片段，执行以下操作中的任意一项：

• 在时间线中，连按片段。

• 在时间线或画布中，移动播放头到片段上，然后按下 Return 或 Enter 键。

打开了"自动选择"的编号最低的轨道上的片段将在检视器中打开。

• 在时间线中，选择片段并按下 Return 或 Enter 键。

• 将片段从时间线拖到检视器。

要在检视器中播放片段，如图 4-5 所示。

• 点按播放按钮以开始和停止播放视频片段。然后按空格键以开始和停止播放视频片段。

图 4-5 检视器窗口

• 按下 J 以向后播放片段。按下 K 以停止回放。按下 L 以向前播放片段。按下 J 键或 L 键几次，以加快回放速度，按下 K 键以停止回放。

要导航到片段特定位置：

• 在白色搓擦条中点按，以重新放置播放头。搓擦条表示片段的长度。

• 按下 Home 键或 End 键以将播放头移动到片段的开头或结尾。

• 向右或向左拖移往返控制，以缓慢地向前或向后播放片段，如图 4-6 所示。

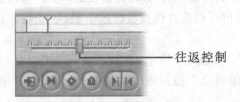

图 4-6 检视器往返控制

· 拖移慢速控制，以将播放头向前或向后移动几帧，如图 4-7 所示。

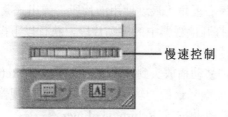

慢速控制

图 4-7　检视器慢速控制

· 按右箭头键或左箭头键以将播放头向前或向后一次移动一帧。按住 Shift 键并按右箭头键或左箭头键，以将播放头向前或向后一次移动一秒。

· 如果鼠标有轨迹球，将指针放置在检视器上，并向左或向右卷动轨迹球，以在检视器中重新放置播放头。

设定入点和出点，如图 4-8 所示。

· 将播放头放在片段开头附近，并选取"标记">"标记入点"以设定入点。将播放头放在片段结尾附近，并选取"标记">"标记出点"以设定出点。点按"播放入点到出点"按钮，以从入点开始播放片段。再次点按"播放入点到出点"按钮，以从入点开始重新回放片段。按下空格键以停止播放片段。

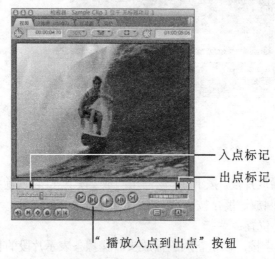

入点标记
出点标记

"播放入点到出点"按钮

图 4-8　检视器中设定标记

· 在搓擦条中，将入点和出点标记拖移到新位置。

· 将播放头放在片段开头附近，并按 I 键以设定入点。将播放头放在片段结尾附近，并按 O 键以设定出点。（也可以在片段播放时按 I 键或 O 键，以在播放过程中设定入点和出点。）

要在编辑点之间导航，如图 4-9 所示。

· 点按"跳到下一个编辑点"按钮或"跳到上一个编辑点"按钮，将播放头移动到下一个或上一个编辑点。

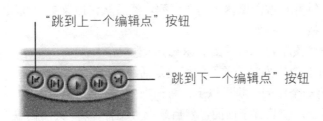

"跳到上一个编辑点"按钮

"跳到下一个编辑点"按钮

图 4-9 检视器中的标记点导航

• 按向上箭头键和向下箭头键以在编辑点之间移动。

4.1.4 了解画布

在 Final Cut Pro 中,画布等同于像带对编设备中的录制监视器;它显示回放过程中所编辑序列的视频和音频。

当打开新序列时,它将同时出现在画布和时间线的标签中。画布中的播放头镜像时间线中播放头的位置,而且画布显示打开序列中的播放头当前位置处的帧,如图 4-10 所示。移动时间线中的播放头时,画布中显示的帧会相应变化。在画布中所作的更改也会反映在时间线中,如图 4-10 所示。

画布中的控制与检视器中的控制相似,但画布中的控制不是定位和回放单个片段,而是定位当前在时间线中打开的完整序列。

序列标签

搓擦条

走带控制

图 4-10 画布窗口

要在画布中打开一个序列,执行以下任意一项操作:
• 从浏览器中选择序列,然后选取"显示">"序列(在编辑器中)"。

• 按下 Control 键并点按浏览器中的该序列，然后从快捷菜单中选取"打开时间线"。

• 在浏览器中连按某个序列。

• 在浏览器中选择该序列，然后按下 Return 键。

当在画布中打开多个序列时，前面的标签是活跃序列。

要在画布中关闭一个序列，执行以下任意一项操作：

• 点按序列的标签，使其置于前面，然后选取"文件" > "关闭标签"。

• 按住 Control 键并点按该标签，然后从快捷菜单选取"关闭标签"。

• 点按序列的标签，使其置于前面，然后按下 Control-W。

要通过画布将片段放置到时间线，如图 4-11 所示：

• 将片段从检视器中拖移（仅拖移图像）到画布，直到出现彩色的编辑叠层。将片段拖移到叠层的"插入"部分。片段插入到时间线中。

图 4-11　画布编辑叠层

要更改画布显示：

• 从"缩放"弹出式菜单中选取几个不同的缩放比例。最后，从"缩放"弹出式菜单中选取 50% 的缩放比例，如图 4-12 所示。

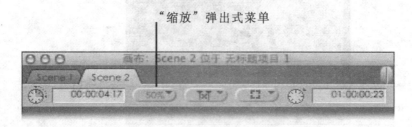

图 4-12　"缩放"弹出式菜单

在序列的片段中播放并导航，如图 4-13 所示：

• 点按画布窗口，使其处于活跃状态。要在时间线中播放序列中的片段，按 Home 键以将播放头移动到时间线的开头，然后在画布走带控制中点按播放按钮。大多数画布控制的功能与在检视器中使用的画布控制功能相同。

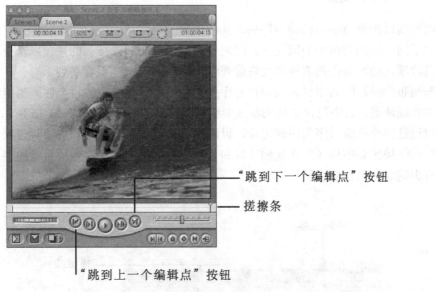

"跳到下一个编辑点"按钮

搓擦条

"跳到上一个编辑点"按钮

图 4-13　画布播放导航

· 按空格键以开始和停止回放。

· 在画布的白色搓擦条中点按,以重新放置播放头。搓擦条表示时间线中的序列。

· 在时间线中,按 Home 键或 End 键以将播放头移动到片段的开头或结尾。

· 按 J 键或 L 键,以向后或向前播放片段。按 K 以停止回放。按 J 键或 L 键几次,以加快回放速度。

要向前或向后移动播放头:

· 按右箭头键或左箭头键以将播放头向前或向后一次移动一帧。按住 Shift 键并按下右箭头键或左箭头键,以将播放头向前或向后一次移动一秒。

· 点按"跳到下一个编辑点"按钮或"跳到上一个编辑点"按钮,将画布的播放头移动到序列中的下一个或上一个编辑点。按下向上箭头键和向下箭头键以在编辑点之间移动。

更改画布显示:

· 从"显示"弹出式菜单中选取"显示叠层",如图 4-14 所示。从"显示"弹出式菜单中选取"显示字幕安全范围",以使 Final Cut Pro 显示边界,该边界显示将出现在标准视频屏幕上的图像部分。从"显示"弹出式菜单中再次选取"显示叠层",以关闭叠层的显示。

"显示"弹出式菜单

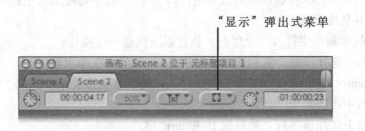

图 4-14　画布显示叠层弹出式菜单

4.1.5　了解时间线

时间线以图形显示了已编辑序列，其中序列的全部片段按时间顺序排列。时间线和画布显示了同一序列的两个不同视图。时间线显示按时间顺序排列的片段以及分层的视频和音频片段项，而画布提供的视图允许像观看电影或电视一样观看序列。

与画布一样，时间线包含全部打开序列的标签。时间线中的每个序列都组织到分开的视频和音频轨道，其中包含了从浏览器中编辑到序列的片段项，如图 4-15 所示。使用时间线可以通过整个已编辑序列快速定位，以添加、覆盖、重新排列和去除片段项。

时间线按想要序列（包含视频片段和音频片段的排列）和其他项目（如字幕和转场）在影片中的顺序来存储它们。

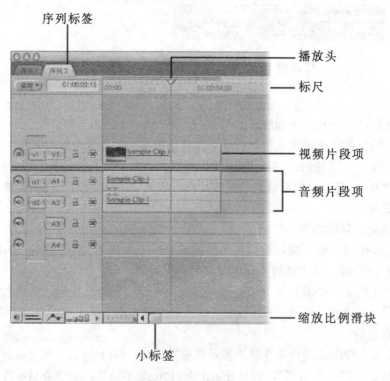

图 4-15　时间线

在时间线和画布中，标签代表序列。打开一个序列将同步打开时间线和画布窗口（如果它们没有打开）。如果时间线和画布已经打开，新打开的序列将出现在独立的标签中，该标签位于任何其他序列标签的上面。

要在时间线和画布中打开一个序列，执行以下任意一项操作：

- 从浏览器中选择序列，然后选取"显示">"序列（在编辑器中）"。
- 按下 Control 键并点按浏览器中的该序列，然后从快捷菜单中选取"打开时间线"。
- 在浏览器中连按某个序列。
- 在浏览器中选择该序列，然后按下 Return 键。

序列在时间线和画布窗口中打开。

要在时间线的片段中播放并导航：

• 在时间线标尺中点按，以重新放置播放头。尝试使用 J、K 和 L 键在时间线中播放序列。按下 Home 键和 End 键，以跳到序列的开头或结尾。使用箭头键，将播放头移动到不同位置。

• 拖移"缩放"滑块两端的小标签，以更改时间线的片段的显示长度。通过向左或向右拖移"缩放"滑块来滚动浏览时间线。

• 按下 Command-等号键（＝）和 Command-连字符（-）以放大或缩小时间线。

在时间线中滚动浏览片段：

• 按下 H 键，以选择手工具，然后在时间线内向左或向右拖移。再次按 A 键以选择选择工具。

• 如果鼠标有轨迹球，将指针放置在时间线上，并向左或向右卷动轨迹球，以滚动浏览序列。

在时间线中更改片段，如图 4-16 所示：

• 将片段向右拖移，以将其重新放置在时间线的片段中。（仅拖移表示片段的蓝色条）

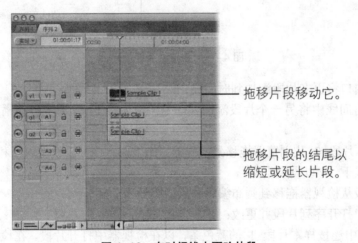

图 4-16　在时间线中更改片段

• 将指针放在片段的结尾并拖移，以缩短或延长片段。可以按这种方式修剪片段的任何一端。

• 在工具调板中点按刀片切割工具，如图 4-17 所示。将指针放在片段上，然后点按以拆分片段。点按选择工具。选择部分片段，并按下 Delete 键。

要取消操作：

• 选取"编辑"＞"还原"以取消上次的更改。按下"还原"命令的键盘快捷键（Command-Z），以还原之前所做的更改。最多可以还原 99 次更改。

要更改轨道大小：

• 通过点按轨道高度控制，更改轨道的大小，如图 4-18 所示。

选择工具

刀片切割工具

图 4-17　工具调板

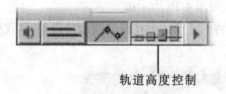

轨道高度控制

图 4-18　轨道高度控制

使用画布窗口将更多片段添加到时间线：

（1）要在时间线中将另一个片段添加到序列，请先按下 End 键以将播放头放在上一个片段的结尾。

（2）将样本片段 2 从浏览器拖移到检视器。如果愿意，可以设定入点和出点（按下 I 以设定入点，按下 O 以设定出点）。

（3）将片段从检视器拖移到画布编辑叠层的"插入"部分。

在检视器中打开序列片段并更改：

• 在时间线中连按样本片段 1 的蓝色条，以在检视器中打开片段。在检视器中更改片段的入点和出点，以缩短片段，并查看在时间线中显示的更改。

消除片段间的空隙：

• 要消除空隙，在时间线中点按出现空隙（片段之间）的空间以选择它，然后按下 Delete。

4.1.6　使用主窗口布局

Final Cut Pro 提供一些处理其主窗口的简单方法。

先尝试一下更改活跃的窗口：

• 按下 Command-1 以激活检视器。

• 按下 Command-2 以激活画布。

• 按下 Command-3 以激活时间线。

• 按下 Command-4 以激活浏览器。

更改主窗口布局以适合不同编辑用途：

• 拖移窗口的标题栏，更改其位置。选取"窗口" > "排列" > "标准"恢复标准窗口布局。

• 选取"窗口" > "排列" > "版面两页"，更改为可以使用检视器和画布的窗口布局。

• 选取"窗口" > "排列" > "音频混合"，更改为专为在序列中处理音频而设计的布局。

• 选取"窗口" > "排列" > "色彩校正"，更改为可以分级和对片段进行色彩校正的布局。

• 了解这些窗口布局后，按下 Control-U 以恢复标准窗口布局。

4.1.7　了解项目、序列、片段和媒体文件

要开始制作影片，应在浏览器中创建一个项目。要创建新项目，请选取"文件" > "新项目"。可以同时打开多个项目，每个项目在浏览器中以一个标签表示。要访问特定项目，请点按项目标签。也可以将项目标签拖移出浏览器窗口，以在单独的窗口中打开项目。可以重复使用和共享项目之间的序列和片段。

1. 进一步了解序列

创建新项目时，序列图标也会出现在项目中。此序列图标表示放在时间线中的片段。可以在浏览器中连按序列以打开它，然后序列会在时间线中出现。

可以在项目中创建多个序列。例如，对于较长的项目，可以创建不同的序列来存储不同的场景。可以创建任意数量的序列。每个打开的序列在时间线标题栏中都显示一个序列标签。在时间线中点按序列标签，以显示序列的片段。

可以从浏览器中拖移序列并将其放入时间线中，就像处理片段一样。可以在时间线中逐个放置序列。也可以在序列中放置序列。例如，可以创建多个代表影片中场景的不同序列，然后在单个主序列中按其最终顺序排列它们。

2. 了解片段和媒体文件之间的关系

创建项目的首要步骤是将视频传输到电脑。Final Cut Pro 提供多种将媒体传入电脑的方法。使用的方法取决于媒体类型。在下一节，将了解到有关采集和传输视频的更多信息。

采集媒体或将其传输到项目后，表示媒体文件的片段图标会出现在浏览器窗口的项目标签中。较大的项目可能有多个片段。对于复杂的项目，可以创建一个媒体夹系统来存储和整理片段。可以给媒体夹命名，并整理媒体夹以适合用户的工作风格。

当采集或传输片段时，相应的媒体文件储存在电脑的硬盘上。可以指定要储存媒体文件的位置。由于视频和音频媒体文件通常很大，因此不妨计划存放文件的位置。

请务必记住，来自摄录机或其他来源的媒体文件不储存在项目中。项目中的片段仅指储存在硬盘上其他地方的媒体文件。当修改片段时，不是在修改媒体文件，而只是修改项目中的片段信息。在 Final Cut Pro 中处理并编辑片段，但硬盘上的底层媒体文件不会改变。

如果将 Final Cut Pro 项目文件传输到另一台电脑上进行编辑，也必须将所有媒体文件传输到另一个系统。保持磁盘上的媒体文件和项目中片段之间的连接非常重要。例如，如果在 Finder 中给硬盘上的媒体文件重新命名，则稍后可能必须将这些文件重新连接到项目中相应的片段上。媒体文件放置在第一次摄取媒体时创建的"暂存磁盘"文件夹中。请

记住，最好将项目的所有文件放在一个集中的位置，而不是将文件放在不同磁盘的不同位置。Final Cut Pro 提供保持媒体文件和片段之间的连接的简单方式，但务必要记住，表示媒体文件的片段存放在硬盘的其他位置。

重要概念：

• 项目：浏览器中的项目存储要在视频项目中使用的片段、序列和媒体夹。

• 序列：序列表示时间线中按时间顺序排列的片段。在浏览器中连按序列图标会在时间线中打开序列。

• 片段：片段出现在浏览器中，可以在浏览器中整理片段，然后将其编辑到序列中。片段指向储存在硬盘上的媒体文件。

• 媒体文件：从摄录机或其他设备中采集或传输的数码文件，与项目中的片段相对应。

4.2　在 Final Cut Pro 中导入媒体

Final Cut Pro 提供多种方法将视频和其他媒体导入 Final Cut Pro 系统以进行编辑。

将媒体导入系统称为摄取。在本节中，我们将尝试将一些自己的视频素材导入 Final Cut Pro 中，并了解记录和摄取功能。在有了一些摄取样本片段的基本经验之后，我们可以开始考虑如何定期记录和摄取自己的视频。

现在，有很多不同的摄录机和视频格式。使用的摄取方法将取决于摄录机类型。

4.2.1　基于像带的视频采集

使用"记录和采集"窗口预览和采集像带上的素材，如图 4-20 所示。可以使用走带控制从摄像机或走带设备播放像带上的素材。要采集片段，请使用"标记入点"和"标记出点"按钮来标记片段的开头和结尾，输入记录信息，然后将片段采集到硬盘中。

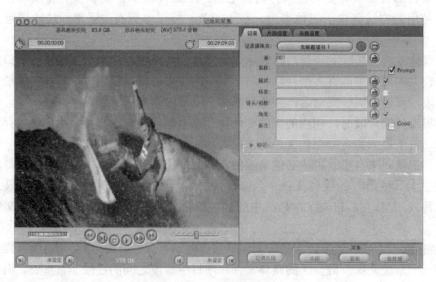

图 4-19　记录和采集窗口

将摄像机或走带设备连接到电脑：

（1）按照摄录机或视频走带设备使用手册中的说明，使用 FireWire 或 USB 电缆将摄录机或走带设备连接到电脑。

（2）打开摄录机或走带设备，并将其设定为"播放/编辑"设置，以便 Final Cut Pro 可以控制设备和采集素材。

将摄录机或 VTR 走带设备连接到电脑之后，打开"记录和采集"窗口时，Final Cut Pro 将自动检测它。

创建项目，以存储视频：

• 选取"文件" > "新建项目"。此时，项目的名称为"未命名"，并且一个新的项目标签会显示在浏览器中。当稍后存储该项目时，可以随意为其命名。

选取一种简易设置来配置 Final Cut Pro ，以处理视频和摄录机类型：

（1）选取 Final Cut Pro > "简易设置"。

（2）在"简易设置"对话框中，从"格式"弹出式菜单中选取素材格式。如果使用的是标准 DV 摄录机，请选取"NTSC"或"PAL"，具体取决于片段。如果素材来自高清晰度摄录机，请选取"HD"。

（3）从"使用"弹出式菜单中，选取与素材格式匹配的简易设置。例如，如果使用的是 DV- NTSC 摄录机，请选取"DV-NTSC"。如果从"格式"弹出式菜单中选取"HD"，则"使用"弹出式菜单将列出许多常见 HD 格式的简易设置。如果不确定素材格式，请查看摄录机使用手册，然后选取合适的简易设置。

（4）点按"设置"。

选取一个暂存磁盘，以存储正在项目中采集的视频媒体：

（1）选取 Final Cut Pro > "系统设置"。

（2）在"系统设置"窗口中，点按"暂存磁盘"标签中的"设定"。

（3）选择要储存媒体文件的硬盘位置。选择一个磁盘或文件夹，然后点按"选取"。虽然可以在"系统设置"窗口中指定很多其他自定设置，但是，现在只需点按"好"即可设定暂存磁盘位置。

要创建一个纪录媒体夹：

• 选取"文件" > "新建" > "媒体夹"创建一个用于存储片段的新媒体夹。如果需要，可以给该媒体夹重新命名。选择该媒体夹，然后选取"文件" > "设定记录媒体夹"。

要打开"纪录和采集"窗口：

• 选取"文件" > "记录和采集"。

要预览像带上的素材：

• 使用走带控制来播放和检查像带。走带控制与在检视器和画布中所使用的控制的作用类似。也可以按下 J、K 和 L 键来倒回、停止和播放像带。

为要采集的片段设定大概入点和出点：

• 使用走带控制前往想要采集的像带部分的开头。点按"标记入点"按钮来设定入点，以大概标记片段的开头。向前播放视频，直到达到要采集的像带部分的终点。点按"标记出点"按钮以标记片段的大概出点。

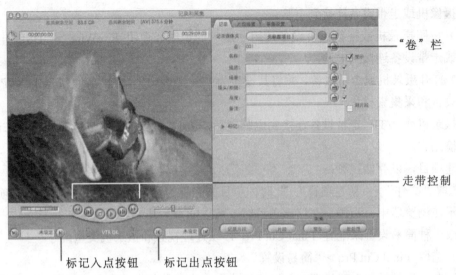

图 4-20　记录和采集窗口中走带控制

输入关于片段的记录信息：

• 在"卷"栏中，输入卷名或卷号。

• 在"描述"栏中输入一个简短的描述性片段名称。输入描述后，它将显示在"名称"栏中。

• 如果需要，请在"场景"、"镜头/拍摄"和"角度"栏中输入场景、镜头/拍摄和角度信息。如果不想在记录信息中包括某项，请取消选择该栏旁边的注记格。例如，取消选择"镜头/拍摄"栏旁边的注记格，以不在记录信息中包括镜头/拍摄信息。

• 如果需要，请在"备注"栏中输入关于片段内容的备注。如果片段值得包括在影片中，请选择"好片段"注记格。

要采集单个片段：

• 在设定入点和出点，并输入记录信息之后，点按"采集片段"按钮。

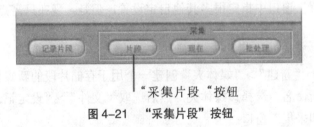

"采集片段"按钮

图 4-21　"采集片段"按钮

Final Cut Pro 倒回像带并将素材作为媒体文件采集到硬盘上。新片段将出现在浏览器中。

要记录附加片段，而不采集它们：

• 使用走带控制来设定另一个要采集的片段的入点和出点。

• 输入该片段的记录信息。点按记录字段旁的"场记板"按钮，将先前输入的信息递增一个数字。

• 点按"记录片段"按钮在浏览器中记录片段信息，而不采集硬盘上的媒体。出现"记录片段"对话框后，输入片段名称，并点按"好"。Final Cut Pro 在浏览器中记录片段及其记录信息。片段的图标有一个红色条，表示该片段离线，或者尚未被采集。

· 记录另一个片段，设定入点和出点并输入记录信息，然后点按"记录片段"按钮，以在浏览器中记录片段信息。出现"记录片段"对话框后，输入片段名称，并点按"好"。

要一次批采集多个片段：

· 通过点按"采集批"按钮来采集离线片段，如图 4-22 所示。出现"批采集"对话框后，从"采集"弹出式菜单中选取"记录媒体夹中的所有项"，然后点按"好"。出现"插入卷"对话框后，点按"继续"。Final Cut Pro 将倒回像带，并逐一采集已记录的片段。

图 4-22　"采集批处理"按钮

使用"现在采集"将素材采集为单个片段：

· 如果需要，可以点按"现在采集"按钮，以将所有或部分像带采集为一个片段。点按"现在采集"之后，Final Cut Pro 开始采集像带上的媒体，一直采集直到达到像带终点，或按下 Esc（Escape）键停止采集。（如果按照此方法采集较长的像带序列，在稍后的编辑过程中，可以将片段分为较小的子片段）

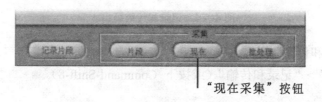

图 4-23　"现在采集"按钮

4.2.2　基于文件的视频传输

许多新型和高级摄录机将素材录制为文件储存在光盘、硬盘和固态卡等设备中。可以使用"记录和传输"窗口将基于文件的介质传输到 Final Cut Pro 项目中。"记录和传输"窗口为预览基于文件的媒体、设定入出点、记录以及将片段传输到 Final Cut Pro 中提供了控制。然后便可以像编辑任何其他格式的媒体文件一样编辑生成的媒体文件。

使用"记录和传输"窗口预览安装在电脑或其他设备上基于文件的介质。可以使用走带控制预览素材。要将片段传输到 Final Cut Pro 项目中，请使用"标记入点"和"标记出点"按钮来标记片段的开头和结尾，输入记录信息，然后通过将片段添加到传输队列来将其传输到硬盘。

"记录和传输"窗口共分为四个区域：

· 浏览：概述所有装载的媒体宗卷和其中所含的片段。

· 预览：允许查看素材、设定入点和出点以及将片段添加到"传输队列"。

· 记录：使用此区域可在摄取片段前添加与其相关的描述信息。也可以点按此区域中的"导入设置"按钮，以选择每个片段摄取哪些视频和音频通道。

　　• 传输队列：显示当前已排队等待摄取的片段的状态列表。

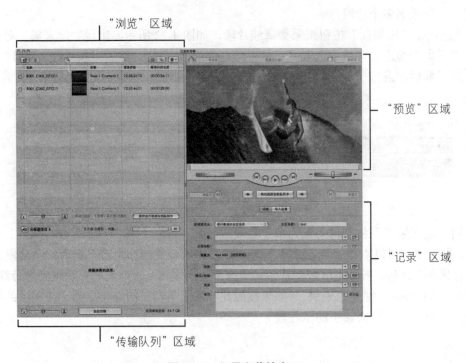

図 4-24　记录和传输窗口

　　要打开"记录和传输"窗口：

　　• 选取"文件">"记录和传输"（或按下 Command-Shift-8）。

　　要装载宗卷：

　　• 在"记录和传输"窗口的"浏览"区域中，点按"添加宗卷"按钮。选择任何可存储要传输的素材的宗卷，然后点按"打开"。

　　要将摄像机或走带设备连接到电脑，并拷贝素材：

　　• 按照摄录机、视频走带设备、闪存卡、P2 卡或其他设备附带的说明将设备连接到电脑或卡阅读器。（一些基于文件的摄录机可将文件直接录制到硬盘上，在此情况下，只需像连接任何其他硬盘一样，将硬盘连接到电脑上）

　　• 按照设备附带的说明将素材拷贝到电脑。通常，必须将文件的整个文件夹从设备拷贝到电脑上，而不是拷贝文件夹内的单个文件。当包含素材的文件夹被拷贝到电脑上之后，Final Cut Pro 可将其作为装载的宗卷访问它。

　　要查找已装载的宗卷上的文件：

　　• 在"浏览"区域中，点按一个文件，以选择它进行记录和传输。

　　• 在"浏览"区域中点按一个栏标题，以根据此栏类别，按升序或降序对文件进行排序。

　　• 在搜索栏中输入文件名称，以查找具有该名称的文件。

要预览素材：

• 在"浏览"区域中选择文件之后，请使用"预览"区域中的走带控制来播放和检查素材。走带控制与在检视器和画布中所使用的控制的作用类似。也可以按下 J、K 和 L 键来倒回、停止和播放素材。

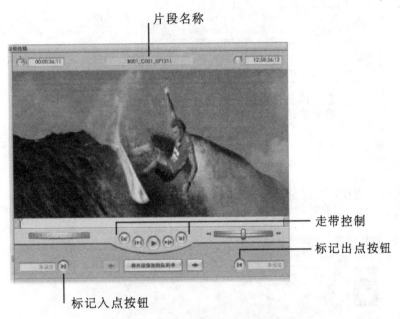

图 4-25　记录与传输窗口的走带控制

为片段设定大概入点和出点：

• 使用走带控制前往想要传输的媒体部分的开头。点按"标记入点"按钮来设定入点，以大概标记片段的开头。向前播放视频，直到达到要传输的媒体的终点。点按"标记出点"按钮以标记片段的大概出点。

记录片段：

• 如果需要，在"卷"栏中输入卷名或卷号。Final Cut Pro 会自动将已装载宗卷的文件夹名称添加为卷名。

• 在"片段名称"栏中输入一个简短的描述性片段名称。

• 如果需要，请在"场景"、"镜头/拍摄"和"角度"栏中输入场景、镜头/拍摄和角度信息。

• 如果需要，请在"备注"栏中输入关于片段内容的备注。如果片段值得包括在影片中，请选择"好片段"注记格。

要将片段添加到传输队列中：

• 输入记录信息并设定片段的入点和出点之后，点按"将片段添加到队列中"按钮，以便让 Final Cut Pro 将片段移至传输队列，并开始传输文件。

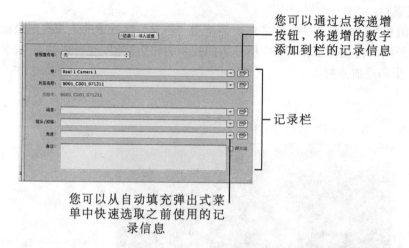

您可以通过点按递增
按钮，将递增的数字
添加到栏的记录信息

记录栏

您可以从自动填充弹出式菜
单中快速选取之前使用的记
录信息

图 4-26　记录传输信息

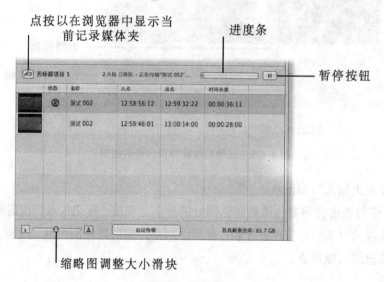

点按以在浏览器中显示当
前记录媒体夹

进度条

暂停按钮

缩略图调整大小滑块

图 4-27　传输队列

传输完文件之后，浏览器中将显示一个新片段。

4.2.3　静止图像和其他媒体的导入

可以将静止图像和图形文件导入到项目中，并将其放入时间线的序列中。也可以导入音频文件（如 CD 轨道、录音或声音效果），并将这些片段放入时间线的音频轨道中。Final Cut Pro 可以导入许多常见文件格式。但是，要查看是否可以在项目中使用特定文件类型，最简单的方法就是尝试导入它。如果有可用的静止图像或音频文件，则可以尝试在此处导入它们。

导入与采集有以下方面的不同：

• 采集：在进行采集时，将素材从外部视频或音频设备传输到暂存磁盘，并且通常转换素材。

• 导入：当文件已经储存在暂存磁盘上时，才可导入这些文件。导入媒体文件就在项目中创建片段，这些片段然后引用磁盘上的媒体文件。

由于采集过程创建媒体文件，可以随时将采集的媒体文件导入到项目中。

要导入静止图像：

• 将要导入的静止图像（如照片）放在或定位到电脑上。例如，如果需要，可以从"图片"文件夹中直接导入图像。

• 选取"文件" > "导入" > "文件"。选择要导入的静止图像文件，并点按"选取"。静止图像将作为片段出现在浏览器中。尝试将静止图像片段拖移到检视器中，更改入点和出点（如果需要），然后将图像编辑到时间线的序列中。可以像处理视频片段那样在时间线中编辑和更改静止图像片段。

图 4-28　导入静止图像文件

要导入音频文件：

• 将音频文件（声音效果或音乐文件）放到电脑上。如果需要，可以将一张音乐 CD 插入到光盘驱动器中，当光盘在桌面上打开时，将音乐轨道拖移到"音乐"文件夹（或喜欢的任何其他位置）。

• 选取"文件" > "导入" > "文件"。选择要导入的音频文件，并点按"选取"。音频文件将作为片段出现在浏览器中，这些片段用扬声器图标表示。

• 要将音频片段放入时间线中，将音频片段从浏览器中向下拖移至时间线中的音频轨道。尝试使用与编辑视频片段相同的方法来编辑音频片段。

虽然 Final Cut Pro 不能从 iTunes 资料库直接导入 MP3 或 MP4 音频文件，但可以从 iTunes 将音频文件导出为 AIFF 文件，然后将它们导入到 Final Cut Pro 中。

4.2.4　如何摄取媒体和设置项目

从摄录机采集或传输素材时，媒体文件储存在暂存磁盘上，也就是告诉 Final Cut Pro 使用的磁盘位置。可以配置 Final Cut Pro 以将不同类型的媒体文件储存在不同位置上。例如，可以让 Final Cut Pro 将音频媒体文件储存在一个位置，而将视频媒体文件储存在其他位置。因为媒体文件会占用大量空间，所以可以将多个硬盘指定为暂存磁盘，以存储媒体。

选取简易设置是一种配置 Final Cut Pro 以匹配摄录机和视频格式的设置的快捷方法。

这是设置新项目的首要步骤。选取简易设置可将 Final Cut Pro 设定为采集设置，并配置序列设置，以便可以回放和编辑素材。简易设置还可以指定将最终视频输出到像带或输出为其他媒体格式时的输出设置。

可以将不同视频格式的片段放入时间线中。例如，即使大多数片段可能是 DV，也可以将 DVCPRO 50 或 HD 片段放入同一序列中。如果 Final Cut Pro 无法在不出现丢帧的情况下实时回放片段，时间线中的片段上方就会出现一个红色条。此红色条表示必须对片段进行渲染，才能正确回放。可以选择该片段，并选取一个命令让 Final Cut Pro 渲染此片段。然后，Final Cut Pro 将处理此片段，以使其与当前序列配合使用，并将渲染的文件放在暂存磁盘上。不足之处在于，渲染此类片段在编辑过程中显得多余。例如，如果更改渲染的片段，则可能需要再次渲染它。

选取匹配大多数视频素材的简易设置有助于避免渲染大多数素材。并非始终能避免渲染片段，例如，将一个标题叠加到其他片段上时，Final Cut Pro 必须渲染这些片段，以使它们一起工作。然而，为视频选取正确的简易设置不仅有利于摄取，也非常有利于简化编辑过程。

使用"记录和采集"窗口从摄录机或其他设备（如视频走带设备）直接采集基于像带的素材。"记录和采集"窗口可让预览、记录和设定像带上媒体的大概入点和出点。然后，采集素材，以将其作为媒体文件储存在硬盘上。在线片段是指已采集了媒体，并准备使用的片段。如果只记录了媒体，但还没有采集它，片段则是离线片段，且未准备进行编辑。如果片段被移动或重新命名，它们也会变为离线，Final Cut Pro 将无法找到它们。Final Cut Pro 提供了查找和重新连接离线片段的强大功能。

使用"记录和传输"窗口从录制基于文件的媒体的摄录机上传输素材。可以直接从摄录机、硬盘或其他设备（如 P2 卡）传输文件。"记录和传输"窗口可让预览、记录和设定数码媒体文件的入点和出点。然后，可以将它们添加到"记录和传输"窗口的传输队列，以将其传输到硬盘。

重要概念：

• 记录：记录素材可让录制关于片段的信息，有助于稍后识别它。使用"记录和采集"或"记录和传输"窗口，可以记录关于片段的信息，包括卷名、片段名称或描述，以及其他信息（如镜头或拍摄编号、备注等）。还可以设定片段的大概入点和出点，稍后在编辑过程中对其进行微调。

• 摄取：摄取是将媒体导入 Final Cut Pro 系统的通用术语。摄取包括采集基于像带的素材，传输基于文件的素材，以及将文件（如音频文件或图像文件）导入 Final Cut Pro 中。

• 采集：在"记录和采集"窗口中点按采集按钮时，Final Cut Pro 将访问像带，并将基于像带的介质采集到电脑中。它将媒体文件录制到暂存磁盘上，浏览器中会出现一个相应的片段。

• 传输：将基于文件的介质放入"记录和传输"窗口的传输队列时，Final Cut Pro 将访问基于文件的介质，并将其传输到电脑。它将媒体文件录制到暂存磁盘上，浏览器中会出现一个相应的片段。

• 导入：将电脑上的文件导入到 Final Cut Pro 中时，Final Cut Pro 将访问电脑上的媒体文件，浏览器中会出现一个相应的片段。

• 现在采集："现在采集"过程开始在像带的任一点上自动采集基于像带的素材，并一直采集直到达到像带终点，或通过按下 Esc（Escape）键停止采集。已采集的素材储存为一个片段。然后，可以使用 Final Cut Pro 的命令和编辑功能将片段分为较小的子片段。"现在采集"可让跳过预览和记录许多单个片段的过程。

•批采集：记录媒体的一系列片段之后，Final Cut Pro 可以搜索整个像带，并逐个将媒体文件采集到电脑硬盘上。与记录和采集单个片段相比，像这样批采集片段是一种有效的方式。

4.3　在检视器中准备片段

检视器提供非常有用的方法来放置片段并调整片段在屏幕上的显示方式。也可以更改片段在检视器中的显示，以符合用户的工作风格。

4.3.1　准备

1. 在浏览器中，点按存放样本片段项目的标签。将片段从浏览器拖移到检视器。

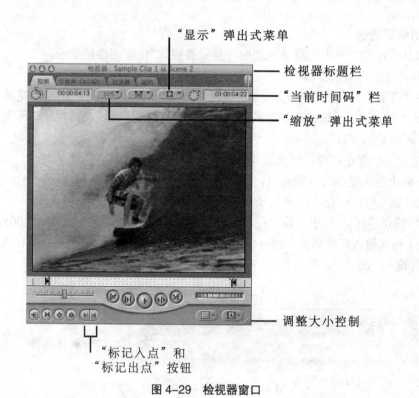

图 4-29　检视器窗口

2. 使用"标记入点"和"标记出点"按钮来设定片段的入点和出点。使用上面的插图来查找接下来想要了解的检视器项目的位置。

要重新放置检视器：

•拖移检视器标题栏，以将检视器移到新的屏幕位置。

要更改检视器的大小：

• 拖移检视器右下角的大小调整控制，以更改检视器的大小。

要在单独的检视器窗口中打开多个片段：

• 在浏览器中选择另一个片段。

• 选取"显示">"新窗口中的片段"。

也可以使用此命令在单独的窗口打开时间线中的片段。

• 在时间线中选择片段，然后选取"显示">"新窗口中的片段"。

要关闭检视器窗口：

• 点按检视器左上角的关闭按钮。关闭打开的所有检视器窗口（有一个窗口除外）。选取"窗口">"排列">"标准"，再次以标准窗口排列来放置检视器。

要显示字幕安全范围叠层：

• 从"显示"弹出式菜单中选取"显示叠层"，然后从"显示"弹出式菜单中选取"显示字幕安全范围"。片段上显示的蓝色线显示标准的屏幕限制和区域，可以将字幕放入该区域，而不需要在大多数监视器和显示屏上进行修剪。

要显示时间码叠层：

• 从"显示"弹出式菜单中选取"显示时间码叠层"。更改入点和出点，以查看时间码叠层更改情况。

要关闭叠层显示：

• 再次从"显示"弹出式菜单中选取"显示叠层"，以关闭叠层显示。

要打开"时间码显示窗口"：

• 选取"工具">"时间码显示窗口"以打开"时间码显示窗口"。在检视器中播放片段，以了解"时间码显示窗口"更改的方式。要隐藏"时间码显示窗口"，请再次选取"工具">"时间码显示窗口"。

要将播放头放置在入点、出点或媒体结束处：

• 按下向上箭头键或向下箭头键，以在片段中向前或向后移动播放头。

3．通过输入时间码值，将播放头设定到片段中的特定帧处。

• 在"当前时间码"栏中，输入符合片段中某一点的时间码值。以 00:00:00:00（小时:分钟:秒:帧）格式输入时间码值。也可以只输入秒和帧的值。例如，要指定位于 3 秒 4 帧处的帧，请输入"03:04"，然后按下 Enter。

图 4-30　"当前时间码"栏

4．通过在时间码中指定时间长度来更改片段的时间长度。

• 输入时间码值来指定片段的长度。例如，要将片段的长度设定为 3 秒 4 帧，请输入"03:04"，然后按下 Enter。（Final Cut Pro 假设小时和分钟的值为 00）片段的出点会更改，以符合输入的片段长度。按下 Command-Z 以还原更改。

"时间码时间长度"栏

图 4-31 "时间码时间长度"栏

5．在片段中添加标记，表示特定时间。

• 在检视器中，将播放头放置在想要添加标记的位置，然后点按"添加标记"按钮或按键盘"M"键。在片段中，设定多个标记，以表示特定时间。

• 要删除标记，将播放头放在标记上面，然后选取"标记">"标记">"删除"。尝试添加和删除标记。当尝试完毕后，选取"标记">"标记">"删除全部"以删除所有标记。

6．创建字幕片段。我们可以在影片中显示字幕，将它们叠加到片段上。可以从多种不同类型的字体、字体大小和风格，以及颜色和许多其他显示详细信息中选取。

要在检视器中创建和使用字幕片段：

• 从"发生器"弹出式菜单中选取"文本">"文本"。

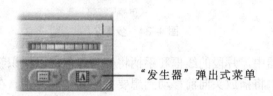

"发生器"弹出式菜单

图 4-32 "发生器"弹出式菜单

样本文本显示在检视器中。现在，可以使用字幕控制来更改文本。

• 在检视器中点按"控制"标签，以显示字幕控制。

• 在"文本"栏中选择样本文本，然后键入"At the Pipe"或自己的文本。

• 从"字体"弹出式菜单中选取一种字体。

• 使用"大小"控制来设定字体大小。

4.3.2 制作关键帧运动动画效果

对片段和字幕所做的更改也会在播放影片时，随时间更改。例如，片段在屏幕上移动，或者字幕出现，然后，消失。Final Cut Pro 允许随时间进行多种类型的更改。

要在片段中进行更改，需要指定更改发生的帧。这些帧称为"关键帧"。例如，可能在片段应该开始移动的位置设定一个关键帧，然后当片段应该停止时，在该时间点上设定另一个关键帧。

下面我们尝试设定关键帧，了解如何操作关键帧。

1．设定关键帧并放大或缩小片段

（1）在时间线中，将播放头正好放置在字幕片段的结尾，然后在时间线中连按样本片段 1，打开。

图 4-33　步骤 1

（2）点按"添加运动关键帧"按钮。在此情况下，关键帧会标记片段开始更改大小的
位置。

图 4-34　步骤 2

请注意，在检视器中，片段的线框和手柄将变为绿色，以标识新的关键帧。

（3）在检视器中，将播放头向前移动到想要更改其结尾的帧。在此情况下，将播放头
放置于如图 4-35 所示的大致位置。将在此帧上对片段的大小进行完全地调整。

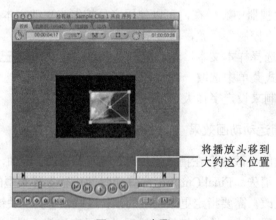

图 4-35　步骤 3

（4）点按"添加运动关键帧"按钮以设定其他关键帧。

（5）调整片段的大小并重新放置它，以填充正常的显示区域。

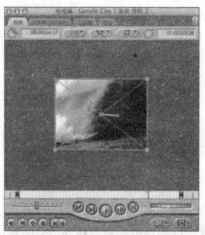

图 4–36　步骤 5

（6）在检视器中播放片段，以查看其随时间进行的大小变化。

2．随时间更改片段的不透明度

（1）当字幕片段在检视器中仍处于打开状态时，点按"运动"标签以显示运动控制。拖移检视器的一角以扩展它，如图 4-37 所示。看见的选项全是参数，可以设定这些参数来更改片段的显示。

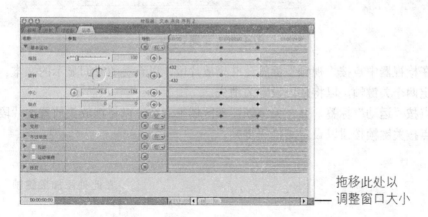

拖移此处以
调整窗口大小

图 4–37　步骤 1

（2）点按"不透明度"参数的显示三角形，然后在"不透明度"栏中输入"0"（零）并按下 Return 键以将文本设定为透明。在检视器中点按"视频"标签，就再也看不见文本（只显示蓝色线框）。

在此处输入"0"（零）
并按下Return键

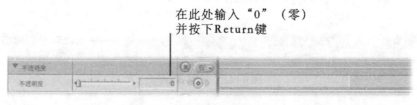

图 4–38　步骤 2

（3）再次点按"运动"标签。每个参数旁边会显示一个关键帧图形区域，表示片段的时间长度。可以将关键帧添加到此关键帧图形区域，随时间更改特定的参数设置。

（4）在检视器活跃时，按下 Home 键将播放头放置在关键帧图形区域中片段的开头，然后点按"不透明度"关键帧按钮以添加关键帧。

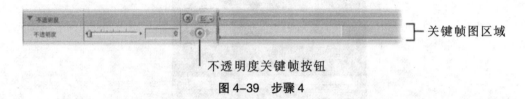

关键帧图区域

不透明度关键帧按钮

图 4-39　步骤 4

（5）按下 15 次右箭头键，以将播放头向前移动 15 帧到可以完全看见文本的位置。再次点按"不透明度"关键帧按钮，以添加第二个关键帧。将片段的"不透明度"滑块拖移到 100。关键帧图形区域如图 4-40 所示。

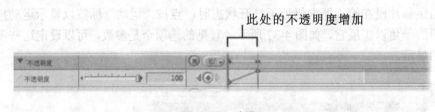

此处的不透明度增加

图 4-40　步骤 5

（6）在检视器中点按"视频"标签，并播放片段，以查看随时间显示的文本。也可以通过再设定两个关键帧，以将片段设定为消失。

（7）点按"运动"标签，并在关键帧图形区域中点按，以将播放头放置在片段结尾附近，然后点按关键帧按钮以设定其他关键帧。

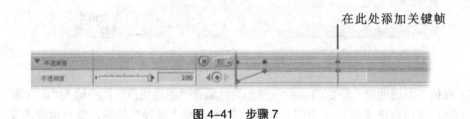

在此处添加关键帧

图 4-41　步骤 7

（8）按向下箭头键，以将播放头移到片段的结尾，并设定其他关键帧。将不透明度设定为 0（零）。现在，关键帧图形区域看起来如图 4-42 所示。

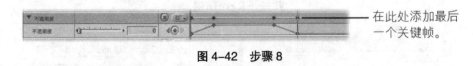

在此处添加最后一个关键帧。

图 4-42　步骤 8

（9）选取"窗口">"排列">"标准"以调整检视器大小。

（10）按下 Option-R 以渲染片段，然后在时间线中播放序列，以查看文本如何根据设定的关键帧显示，又如何消失。尝试更改关键帧和"不透明度"参数设置。

4.3.3　了解运动参数

在上一节中我们已经简要了解了使用检视器可以进行的一些更改，但是使用"运动"标签还可以进行更多操作，如图 4-43 所示。

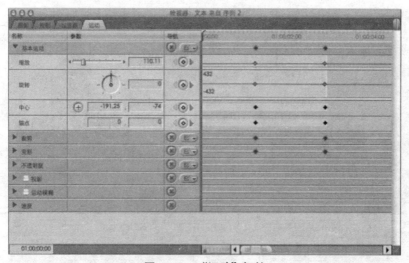

图 4-43　"运动"标签

通过调整片段的运动设置，几乎能随心所欲地更改其几何图形，移动、缩小、放大、旋转和使其变形。可以使用关键帧，随时间分别更改所有这些选项，这样可以为片段创建专业的效果和进行令人印象深刻的更改。

通常情况下，会成对设定关键帧，在更改的开头设定一个（作为锚点），在更改的结尾设定一个（在此处指定更改的参数值）。

可以通过点按参数的关键帧按钮，在关键帧区域中添加关键帧。

如果当前播放头位于关键帧上，点按该按钮以去掉关键帧。关键帧按钮两侧的按钮将播放头向前或向后移动到下一个关键帧。

将关键帧添加到片段时，关键帧图形区域会出现一个小菱形，以标记关键帧的位置。可以在关键帧图形区域中将这些菱形拖移到不同的位置，以更改效果。

当添加关键帧时，两个关键帧之间的帧数确定更改的速度。因此，两个关键帧之间的帧越多，更改的时间就越长。关键帧之间的帧数量较少，会产生快速的更改。

4.4　使用画布和时间线

可以使用画布和时间线来创建项目序列，以根据需要添加、去掉、重新排列和修剪片段。在前面 4.1.4 和 4.1.5 部分中我们已经对画布和时间线有了基本的了解，接下来，将通过使用画布和时间线来了解基本的视频编辑功能，然后探讨在时间线中如何处理序列中的片段。

4.4.1　使用画布

通过画布可查看时间线中的序列，可以使用画布将片段编辑到序列中。为了更好的了解画布的操作，请尝试下面的操作：

1. 更改窗口布局，用以扩大画布的显示范围

• 选取"窗口">"排列">"每版面两页"。

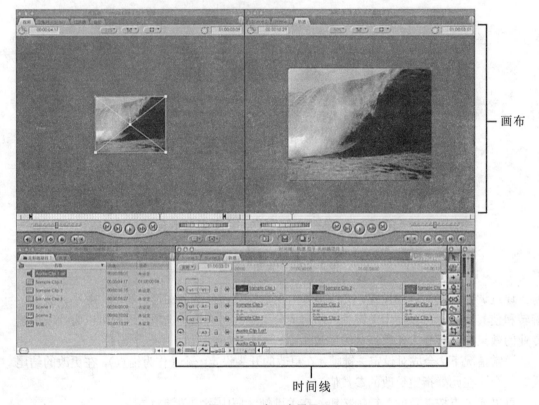

图 4-44　窗口布局显示

2. 在窗口中按"影像+线框"模式显示序列

• 在画布中，从"显示"弹出式菜单选取"影像+线框"。此时将显示边角带有手柄的图像。现在，可以通过其手柄拖移图像并重新放置片段来显示片段。

3. 更新检视器用在画布中显示当前帧

• 播放序列时请注意，检视器中显示的帧与画布中显示的帧不同。点按画布中的"显示匹配帧"按钮。检视器将会改变，以显示与画布相同的帧。

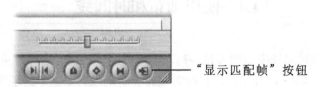

"显示匹配帧"按钮

图 4-45　显示匹配帧

4．使检视器和画布保持同步以便于编辑

（1）在画布中，从"播放头同步"弹出式菜单中选取"打开"。

图 4-46　"播放头同步"弹出式菜单

（2）播放该序列。

停止播放序列后，检视器显示屏将自动发生改变，以显示与画布相同的帧。此时，当播放头停止在时间线中的某个片段上时，Final Cut Pro 就会在检视器中打开此片段，以进行编辑。在检视器或画布中所做的更改会立即在时间线中更新。

（3）对检视器或画布中的片段做出更改后播放序列，以查看更改的效果。

4.4.2　使用时间线

时间线是最主要的编辑操作窗口，为了更好地了解时间线窗口，请尝试下面的操作：

1．在时间线中设定标记用以标记序列中的特定点

（1）点按画布中的"添加标记"按钮，在时间线中播放头的当前位置设定标记。

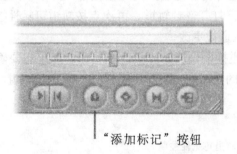

图 4-47　"添加标记"按钮

（2）在画布中重新放置播放头，这次按下 M 键添加另一个标记。播放序列，按下 M 键以在播放过程中添加更多标记。可以使用此方法添加序列标记，在出现事件的位置快速标记特定帧。

2．定位到时间线中的标记

• 按下 Shift+上箭头或 Shift+下箭头移至序列中的上一个或下一个标记。

3．删除时间线中的标记

• 将播放头放在画布或时间线中的标记上。选取"标记"＞"标记"＞"删除"。

4．更改时间线中的标记

• 在时间线中，点按一个标记以选择它，然后按下 M 键。此时将出现"编辑标记"

对话框，其中包含用于更改标记的选项。

5．在时间线中选择轨道

• 选择"选定轨道"工具，尝试一次选择整个轨道。

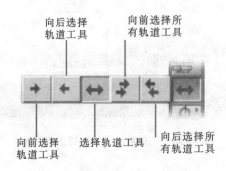

向后选择 向前选择所
轨道工具 有轨道工具

向前选择 选择轨道工具 向后选择所
轨道工具 有轨道工具

图 4-48 轨道选择工具

• 选择"向前选定轨道"工具或"向后选定轨道"工具，尝试选择某个片段以及在单个轨道上该片段之后或之前的所有片段。

• 选择"向前选定所有轨道"工具或"向后选定所有轨道"工具，尝试选择某个片段以及在所有轨道上该片段之后或之前的所有片段。再次按下 A 键选择选择工具。

6．打开或关闭视频轨道

• 点按视频轨道的轨道可见性控制，以防止回放序列时出现轨道视频。播放序列以查看是否已关闭轨道。再次点按轨道可见性控制以重新打开轨道。

7．打开或关闭音频轨道

• 点按音频轨道的轨道可见性控制，同时按住音频片段以防止回放序列时播放音频片段。播放序列以试听是否已打开音频轨道。再次点按轨道可见性控制以重新打开轨道。

8．锁定轨道以防止轨道被更改

• 点按轨道的锁定轨道控制，以防止更改该轨道。如果想要确保在对其他轨道进行编辑时不会更改轨道上各项的定时和定位，则可以随时锁定该轨道。再次点按锁定轨道控制以解锁轨道。

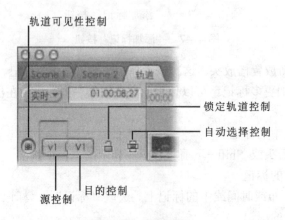

轨道可见性控制

锁定轨道控制

自动选择控制

源控制 目的控制

图 4-49 轨道控制

9．仅将片段的视频部分放入序列中

（1）点按音频轨道的 a1 和 a2 源控制，以使其与它们的目的控制断开连接。这会使作为目的轨道的音频轨道断开连接，从而防止将片段的音频部分放入序列中。

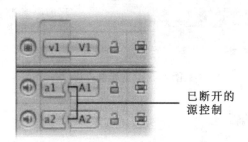

图 4-50　轨道源控制

（2）在浏览器中，连按片段以在检视器中打开它。

（3）将播放头放在时间线的片段中。

（4）将片段从检视器拖移到画布编辑叠层的"覆盖"部分以查看是否仅将视频放入时间线中。

10．将新轨道添加到序列中

（1）选取"序列" > "插入轨道"。

图 4-51　插入轨道

（2）在"插入 N 个视频轨道"栏中键入"1"以添加一个新的视频轨道，在"插入 N 个音频轨道"栏中键入"2"以添加两个音频轨道，然后点按"好"。在时间线中滚动查看添加的新轨道。

11．在片段放入序列之前设定视频目的轨道

（1）将 V1 源控制拖移到 V2 目的控制，以指定 V2 轨道应是目的轨道。点按源控制，以将其连接到 V2 目的控制（如果需要）。

（2）按下 End 键以将播放头移动到序列的结尾。将片段从检视器拖移到画布编辑叠层的"覆盖"部分。片段的视频项放置在所选的视频轨道中。

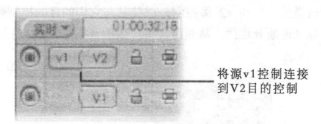

将源v1控制连接
到V2目的控制

图 4-52　源控制连接

4.4.3　在时间线中编辑

创建片段后，可能需要做些更改，例如用一个片段替换另一个片段，添加镜头切换和添加音乐或声音效果。下面，将尝试一些将片段放入序列的基本方法。这些方法包括三点编辑中的步骤，通过在检视器和时间线中指定三个入点或出点，可以将片段放入时间线。

1. 标记序列中的片段并替换它

（1）将播放头移到时间线中要替换的片段。

（2）选取"标记"＞"标记片段"。在时间线中，序列片段的两端被标记了入点和出点。

序列入点和出点标记
想要替换的片段

图 4-53　在序列中替换片段

（3）连按用来替换的片段，以在检视器中打开此片段。将此片段从检视器拖移到画布编辑叠层的"覆盖"部分，以替换序列中标记的片段。拖移的片段将替换序列中标记的片段。

2. 若要放置片段，使它在序列中的某个特定点开始

（1）将播放头放在序列中要在其中添加片段的帧上。（任何地方都可以）

（2）按下 I 键，为时间线中的序列设定入点。

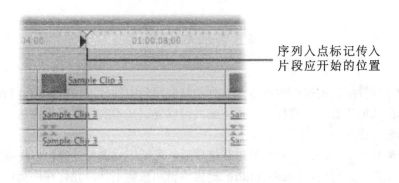

图 4-54　在序列入点放置片段

（3）在检视器中，要放置在时间线中的片段设定入点和出点。

（4）将片段从检视器拖移到画布编辑叠层的"覆盖"部分，以替换序列入点处的片段。此片段将会替换时间线中从设定的入点开始的片段。

3．放置片段，使它在序列中的某个特定点结束

（1）将播放头放在序列中想让入片段在此结束的帧上。

（2）按下 O 键，为时间线中的序列设定出点。

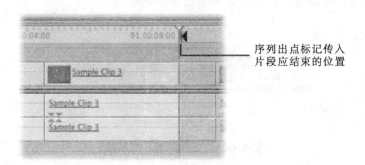

图 4-55　在序列出点放置影片

（3）在检视器中设定片段的入点和出点。

（4）将片段从检视器拖移到画布编辑叠层的"覆盖"部分。Final Cut Pro 将入片段的出点放在序列的出点处。

4．用片段填充序列的特定片段

（1）将播放头放在序列中想让入片段在此开始的帧上。

（2）按下 I 键以在序列中设定入点。

（3）将播放头移到想让片段在此结束的帧的前面。（现在，将播放头向前移动 10 帧）

（4）按下 O 键以在序列中设定出点。

（5）在检视器中设定片段的入点。只需设定入点。（如果已设定出点，则选取"标记">"清除出点"以去掉出点。然后，Final Cut Pro 便可以随意使用多个可用的片段来填充序列入点和出点之间的时间长度）

（6）将片段从检视器拖移到画布编辑叠层的"覆盖"部分，以使用此片段填充序列入点和出点之间的时间长度。

4.5　基本编辑

视频的非线性编辑的核心内容涉及排列和修剪序列中的片段。Final Cut Pro 可以为编辑提供简单高效的工具和编辑程序。接下来，可以尝试基本的视频编辑方法，并使用工具来选择和修剪片段。

尝试修剪片段。在序列中对片段进行排序后，可能需要调整片段，以便缩短、加长或在时间线中重新放置它们。Final Cut Pro 提供编辑和修剪工具，允许在序列中更改片段，而不会造成空隙。在此部分，可以使用其中一些工具进行尝试。

注：本节内容需要样本素材文件。样本文件下载链接地址：

https://documentation.apple.com/en/finalcutpro_otherhelp/Video%20Samples.zip

准备：

1．按下 Control-U 以选取标准窗口布局。

2．选取"文件" > "新建" > "序列"以创建新的序列。给序列命名为"修剪"并按下 Return。

3．在浏览器中，连按"修剪"序列图标，以在时间线中打开序列。

4．从检视器的"缩放"弹出式菜单中选取"50%"。

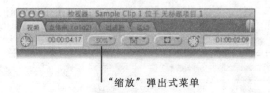

"缩放"弹出式菜单

图 4-56　"缩放"弹出式菜单

5．从检视器的"显示"弹出式菜单中选取"图像"。

6．将样本片段 1 拖移到检视器中，并将入点和出点设定在如图 4-57 所示的大致位置。这些入点和出点确保每个片段的末尾都有未使用的附加帧。

大约在此处设定入点和出点

图 4-57　设定片段 1 的入点和出点

7．将样本片段 1 拖移到画布编辑叠层的"插入"部分。

8．将样本片段 2 拖移到检视器中，并将入点和出点设定在下面所示的大致位置。

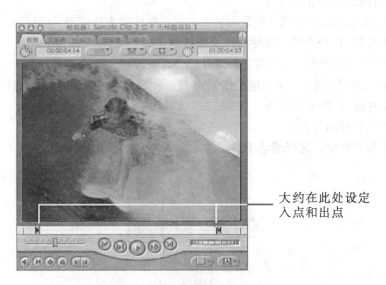

大约在此处设定
入点和出点

图 4-58　设定片段 2 入点和出点

9．将样本片段 2 拖移到画布编辑叠层的"插入"部分，以使其在时间线中位于样本片段 1 之后。

10．将样本片段 3 拖移到检视器中，并将入点和出点设定在下面所示的大致位置。

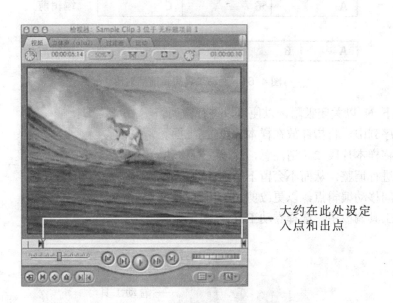

大约在此处设定
入点和出点

图 4-59　设定片段 3 入点和出点

11．将样本片段 3 拖移到画布编辑叠层的"插入"部分，以使其在时间线中位于样本片段 2 之后。现在在时间线中，有三个片段，依次排列。

4.5.1 尝试操作

拖移时打开吸附或关闭吸附：

• 按下 A 以选择选择工具（如果需要）。左右拖移样本片段 3，同时请注意，片段自动吸附到样本片段 2 的末尾，以便将片段拖移到正确的位置。

• 按下 N 以关闭吸附。左右拖移样本片段 3，同时请注意在拖移片段时，现在它可以顺利移动，而不会吸附到下一个可能的编辑点。按下 N 以再次打开吸附。拖移样本片段 3 以将其与样本片段 2 的末尾对齐。

在序列中左右滑动片段：

（1）在工具调板中，选择滑动工具。

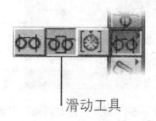

图 4-60　滑动工具

在时间线中，使用滑动工具来更改片段在两个其他片段间的位置。

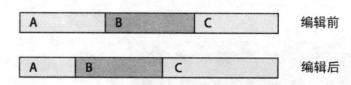

图 4-61　滑动工具编辑前后对比

（2）按下 N 以关闭吸附，以便可以进行微调。

（3）在序列中，将指针放在样本片段 2 上面。

左右拖移样本片段 2。请注意，片段左右移动，但不会改变其时间长度。当滑动片段后，序列会进行调整，从而不会留下空隙。

在片段间移动编辑点，以更改剪切的位置：

（1）在工具调板中，选择卷动工具。

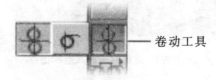

图 4-62　卷动工具

使用卷动工具向前或向后移动编辑点。

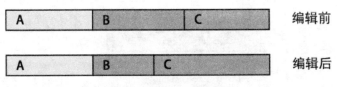

图 4-63　卷动编辑前后对比

（2）在样本片段 2 的任何一端点按编辑点，以选择它。

（3）向左或向右拖移编辑点。请注意，编辑点会移动（同时更改前一个片段的出点和后一个片段的入点）。更改编辑点时，剪切会向前会向后卷动，使其不会留下空隙。

更改片段的入点和出点而不留下空隙：

（1）在工具调板中，选择波纹工具。

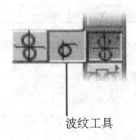

波纹工具

图 4-64　波纹工具

使用波纹工具来移动片段的入点和出点，以缩短或延长片段。

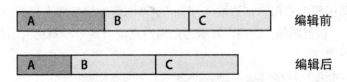

图 4-65　波纹工具编辑前后对比

（2）在序列中间，将指针放在编辑点之上。请注意，向左或向右稍微移动指针时，指针会更改，以表示选择的是前一个片段的出点或是后一个片段的入点。点按编辑点的左侧或右侧，以查看如何选择编辑边界。

（3）向左或向右拖移编辑边界。请注意，以下片段会移动或"波动"，使其不会留下空隙。

在当前序列入点和出点滑移片段内容：

（1）在工具调板中，选择滑移工具。

滑移工具允许更改片段的内容（显示的片段媒体的部分），而不会更改片段在序列中的位置和时间长度。

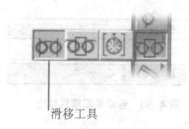

滑移工具

图 4-66　滑移工具

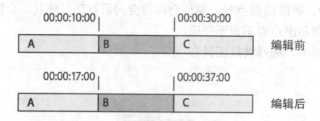

图 4-67　滑移工具编辑前后对比

（2）在序列中间，将指针放在样本片段 2 之上。

（3）在片段中左右拖移。请注意，入点和出点之间的媒体会更改，但在序列中，片段的位置和长度将保持不变。拖移时，画布会在并排的两个窗口中显示更改的片段入点和出点。滑移编辑后，时间线中不会显示空隙。

4.5.2　使用修剪编辑窗口

完成或快要完成序列时，可以使用"修剪编辑"窗口开始对修剪片段进行润色。

要打开"修剪编辑"窗口，请选取"序列"＞"修剪编辑"或在序列中使用选择工具连按编辑点。出现"修剪编辑"窗口，显示选定编辑点或下一个编辑点的出片段和入片段。

图 4-68　修剪编辑窗口

"修剪编辑"窗口提供出片段和入片段的特殊并排视图，使能够对一个镜头转到另一个镜头的方式进行精细调整。形成"修剪编辑"窗口显示概念的简单的方法，就是将其视为显示序列中两个片段相交的编辑点。

窗口的左侧显示出片段的出点。窗口的右侧显示入片段的入点。可以拖移入点或出点标记来更改它们。也可以移动"修剪编辑"窗口两侧的播放头，并点按"标记入点"和"标记出点"按钮以将入点和出点移到想要的位置。

点按窗口的左侧以选择它，出现一个绿色的外框，表示正在编辑该出点。对出点所做的任何编辑都会向前或向后波动后面的片段，而不会产生空隙。点按窗口的右侧以更改入片段的入点，波动片段以便不会产生空隙。也可以点按窗口的中央，以同时选择"修剪编辑"窗口的两侧。然后，可以使出点和入点同时更改相同的量，向左或向右卷动编辑点。

尽管尝试使用并熟悉"修剪编辑"窗口。使用一段时间并熟悉如何操作此窗口后，会发现它非常适用于在序列中移动，以及应用最终修剪决策。

4.6　处理音频

Final Cut Pro 提供了编辑和更改与素材相关的音频的简单方法。本节中，将学习在时间线中调整片段的音频以及处理音频轨道。

4.6.1　使用波形显示帮助编辑音频

当在 Final Cut Pro 中工作时，对于在音频的一些部分中定位，以及浏览轨道中各层如何表示对白中的话语和暂停及音乐中的节拍等内容，波形显示是很有用的。

波形在检视器的音频标签中显示，如图 4-69 所示。

立体声音频项目的波形图

图 4-69　检视器音频标签

也可以在时间线中查看波形，但需要明确打开这些波形。

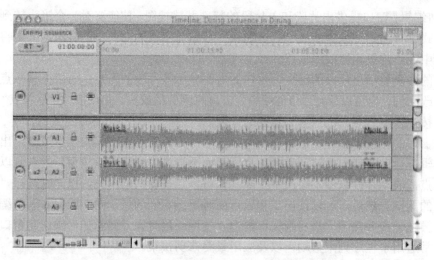

图 4-70   时间线中显示音频波形

在回放过程中，查看波形不能优先于监听音频轨道。在做编辑决定时，波形显示并不能替代人耳听到的声音。

例如，尽管波形的某个特定帧可能看起来像是插入鼓声或口语词的好位置，但只有在片段中播放和仔细听才是唯一能使人信服的方法。即使编辑点中仅有几帧被设置得太早或太迟了点，也会使结果大不相同，而且重复放大和缩小波形显示来查看极细微的细节是很耗时的。

使用 J、K 和 L 键在片段之间往返，并试着监听想要的编辑点。一旦设置了入点和出点，就可以使用"播放入点到出点"（Shift-反斜杠）和"播放到出点"（Shift-P）命令预览编辑。在进行此操作时，会发现自己正在修剪帧（一次一帧或两帧），然后设定新编辑点，重复此过程直到找到最合适的音频编辑点。

4.6.2   了解检视器中的音频控制

点按检视器中的音频标签时，窗口底部的控制与"视频"标签中的控制相同。这些控制使可以在片段中定位，设定入点、出点和标记，创建拆分编辑等。在音频标签上看到的入点和出点与视频标签上显示的入点和出点相同。同样，窗口顶部的两个时间码栏位与"视频"标签中的那些栏位相同。

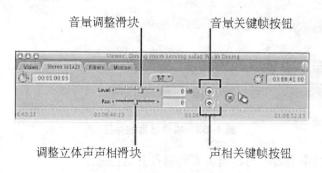

图 4-71   音频控制标签

音频控制标签：以下控制只位于音频标签中。

1．音量滑块：此滑块在+12 到–∞dB 之间调整当前选定的音频片段的幅度或音量。当拖移滑块时，dB 栏中的数字和音量调节线会同时更新。

也可以在音量滑块右边的 dB 栏中键入一个数字来调整音量。键入的数字可以包含小数值，例如 6.23。

如果在当前片段中没有音量关键帧，则调整音量滑块会影响整个片段的层次。如果存在音量关键帧，则使用此滑块执行以下任意一项操作：

- 在播放头的当前位置调整关键帧的音量。
- 将新关键帧添加到音量调节线并调整到新的音量。

任意两个关键帧之间的音量变化，都会在检视器的"音频"标签中的音量调节线上显示为一条斜线。对检视器中音量调节线所做的更改会由音量调节线镜像到时间线中该片段上。

提示：按住 Command 键的同时拖移音量滑块，以便更加精确地调整音量。

2．音量关键帧按钮：这个关键帧按钮位于音量滑块右边，通过它可以将关键帧放置在当前播放头位置处的音量叠层上。可以使用关键帧来调整片段随时间变化的音量。

3．音量关键帧导航按钮：这些按钮位于音量关键帧按钮左右两边，它们允许将播放头从音量叠层上的一个关键帧向前或向后移动到下一个关键帧。也可以分别按下 Shift-K 或 Option-K 键。

4．"声相"滑块：这个滑块共有两种工作方式，具体取决于在检视器中打开的音频类型：

（1）如果音频标签中的片段项是一个立体声对：此滑块会同时调整两个轨道的左右立体声位置。默认设置为–1，将左轨道发送到左通道输出，将右轨道发送到右通道输出。设置为 0 会将左右轨道均等地输出到两个扬声器，实质上创建了一个混合单声道。设置为+1 会交换通道，将左轨道输出到右输出通道，而将右轨道输出到左输出通道。

（2）如果音频标签中的片段项是单独的单声道轨道：此滑块使人可以在左右输出通道之间移动当前音频标签中的音频轨道。

就像使用音量滑块一样，如果当前片段中没有声相关键帧，那么调整声相滑块会影响整个片段的声相。如果有声相关键帧，则使用此滑块执行以下一项操作：

- 在播放头的当前位置调整关键帧的声相。
- 向声相叠层添加新的关键帧，并在左右输出通道之间调整该关键帧。

任意两个关键帧之间的声相设置的变化，都会在检视器的"音频"标签中的声相叠层上显示为一条斜线。

5．声相关键帧按钮：这个关键帧按钮位于声相滑块右边，通过它可以将关键帧放置在当前播放头位置处的声相叠层上。可以添加关键帧以随时间修改声相设置。

6．声相关键帧导航按钮：这些按钮位于声相关键帧按钮左右两边，它们允许将播放头从声相叠层上的一个关键帧向前或向后移动到下一个关键帧。左边的按钮可将播放头移动到播放头当前位置左边的下一个关键帧，而右边的按钮可将播放头移动到播放头当前位置右边的下一个关键帧。

7．声相调节线：上下拖移此线以更改此片段的声相。如果将关键帧添加到叠层，则可以使声相随时间而变化。

8. 波形显示区域：显示音频片段的图形表示，随时间显示音频的采样值。如果放大波形显示，能够逐渐看到波形中越来越多的细节。点按波形区域的任何位置会将播放头移动到那一帧，而拖移则会搓擦片段。

9. 音量调节线：上下拖移此线以更改音量。如果将关键帧添加到调节线，则可以使音量随时间而变化。

4.6.3 在检视器中编辑音频

可以使用检视器的"音频"标签来编辑从浏览器或时间线中打开片段的音频。"音频"标签可以显示音频波形，设定入点、出点、标记和关键帧，以及更改音量和立体声声相设置。

1. 在检视器中打开音频片段

许多片段既包含视频项也包含音频项。要查看音频片段项，需要在检视器中打开片段，然后点按一个音频标签。

（1）进行下面的任意一项操作：

- 将片段拖到检视器。
- 连按浏览器中的片段。

（2）选择片段并按下 Return 键。

（3）如果此片段含有视频项和音频项，则点按检视器中的一个音频标签查看波形显示。

2. 在检视器中查看音频轨道

Final Cut Pro 中的片段最多可以有 24 个音频项。有多个音频项的片段中的每个单声道音频项或立体声对音频项都有单独的标签。

音频片段出现在检视器中的方式取决于它们是单声道还是立体声。以立体声为例。

如果两个音频片段项链接为立体声对：它们会在单个"立体声"标签中显示，其中含有该立体声对的左音频通道和右音频通道的波形。应用于一个项的音量更改会自动应用于另一项。将音频编辑为立体声对对固有的立体声素材很有用，例如立体声和内建的立体声摄录机音频中混合的音乐。

3. 放大或缩小波形显示区域

定位检视器中的音频片段与定位"视频"标签中的视频片段有很多相同之处。但还有一些应该了解的附加的特色功能。

当在检视器的"视频"标签中的一个片段中定位时，只能看到位于播放头位置的那个帧。放大到此帧中会放大看到的图像，但是不会更改在时间中的位置。音频标签中的各个波形的工作方式是不同的。由于它们表示整个音频片段，所以可以在波形中定位，就像在时间线中的一个片段中定位那样。当在波形中移动时，会注意到波形显示区域下面的搓擦条中的播放头与波形区域中的播放头一起移动。

检视器中的搓擦条始终表示检视器中片段的整个时间长度。另一方面，波形显示区域上边的标尺则不受这样的限制。通过使用波形显示区域底部的缩放控制和缩放比例滑块，可以在检视器中放大和缩小波形显示区域。这将伸长和缩短音频标尺，可以在音频片段的波形中看到更多或更少细节。虽然在片段的视频轨道中可以查看的最小单元是单个的帧，但是查看片段的音频波形的增量最小可以是 1/100 帧。

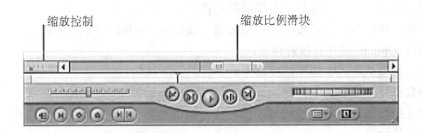

缩放控制　　　　　　　　　　　缩放比例滑块

图 4-72　缩放波形显示区域

4．使用 J、K 和 L 键监听微妙细节

如果音频片段显示在检视器中，则当拖移播放头（或搓擦片段）时听到的是声音的片段。可以拖移检视器中波形上方标尺或波形显示区域的播放头，以在片段中搓擦。这种方法对于在片段中快速定位特别有用，但是对于进行详细的音频编辑可能帮助不大。

为了在以不同的速度在音频中移动时听得更清楚，请使用 J、K 和 L 键在检视器中播放片段。与搓擦条不同（搓擦条是跳过一些样本，以断断续续的声音为代价造成快速回放的错觉），J、K 和 L 键实际上改变了所回放音频的音调，能够听到各种速度（包括比实时速度慢和快的速度）的音频的所有细微细节。

5．关于设定音频的编辑点

在检视器的音频标签中设定编辑点的方法与在检视器的"视频"标签中设定编辑点的方法相同。无论是从浏览器打开片段以准备编辑到序列中，还是从时间线的序列中打开片段以便进行修剪，编辑点的工作方式都相同。

6．将音频片段拖到画布、浏览器或时间线

要将音频片段从检视器移到画布、浏览器或时间线，请使用音频标签顶部的拖移手。（点按波形本身可以移动播放头到点按的帧，并且不会选择片段以进行拖移。）

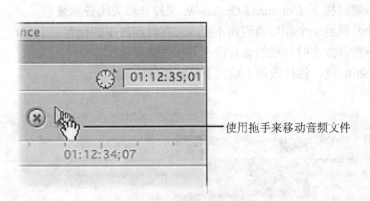

使用拖手来移动音频文件

图 4-73　拖拽音频方法

7．在检视器中修剪音频片段

可以将一个音频片段修剪得更短或更长。修剪通常指精确度调整，可以在任何地方进行，从一帧到几秒。如果要在检视器中单独打开一个序列音频片段项，而不打开所链接的视频片段项，需要确保关闭了链接选择。

8．要在检视器中修剪序列音频片段项

（1）通过执行以下一项操作来关闭链接选择：

- 链接选择打开时，点按链接选择按钮（或按下 Shift-L）将其关闭。
- 按住 Option 键并点按音频项。

（2）将音频项从序列中拖至检视器中。

音频项会自行在检视器中打开。

也可以连按音频片段项在检视器中打开它，但也许需要按住 Option 键以确保在连按时仅选定音频片段项。

片段中音频与视频之间的链接没有断开，但是现在可以修剪音频，而不影响链接到音频的视频。

（3）点按工具调板或使用相关的键盘快捷选定选择、波纹或卷动工具。

（4）设定新的入点和出点，就像设定任何其他片段的入点和出点一样。

在检视器中对序列片段所做的更改会被镜像到时间线中。

4.6.4　在时间线中编辑音频

在将许多片段编辑到序列中之后，可以直接在时间线中进一步修剪音频片段。虽然在检视器中可更加准确地修剪音频，但是在时间线中修剪音频也有其他一些优点：

- 可以查看要根据序列中其余的片段进行修剪的音频项。
- 可以处理序列中的多个片段，而不仅仅是一个。

Final Cut Pro 允许打开并关闭时间线中的音频波形显示。

要在时间线中打开音频波形显示，请执行以下一项操作：

- 选取"序列">"设置"，点按"时间线选项"标签，然后选择"显示音频波形"。
- 按下 Command-Option-W。
- 从时间线的"轨道布局"弹出式菜单选取"显示音频波形"。

关闭音频波形可以加快在时间线中重画片段，从而提高性能，特别是当不关注音频编辑的时候。可以随时按下 Command-Option-W 来打开和关闭音频波形。

要移动一个片段到一个相邻轨道而不更改它在时间线中的位置：

（1）将鼠标指针放在时间线的该片段上并按住鼠标按钮。

（2）按住 Shift 键。将片段向上或向下拖到相邻轨道。

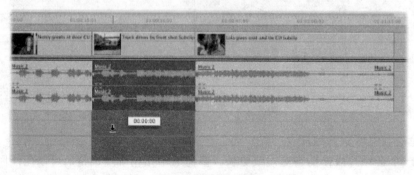

图 4-74　移动音频

使用音频转场平滑音频变化。

有时，音频剪切会非常明显，即使已尽力在正确的帧上放置编辑点。在这样的情况下，可以将一个交叉渐变应用于编辑点，以尝试从一个音频片段到下一个音频片段实现平滑转场。

Final Cut Pro 附带了两种音频转场：一种是+3 dB 交叉渐变（默认），另一种是 0dB 交叉渐变。每种交叉渐变都会导致音量随转场播放时的不同变化。选取哪种交叉渐变取决于要在它们之间进行转场的片段。尝试一种交叉渐变，再尝试另一种，看看哪种听起来效果更好。

4.7   应用转场

转场是用于从已编辑序列中的一个片段转到下一个片段的效果。在早期的电影编辑中，唯一可以马上查看的转场是剪切。即使最简单的转场如叠化，也必须在光打印机中特别设置之后发送回编辑人员进行查看。整个过程昂贵且需花费几天时间。

预览视频使这个过程更为快捷和简便。通过将两个视频信号混合在一起，可以立即观看叠化，并确定对它感觉如何。能看到效果的速度愈快，就能愈快地对它加以润色以符合需要。电影编辑人员需要预测转场的样子，并在不能实际预览的情况下预测持续时间，因为在编辑时没有时间尝试转场也不能对其进行预算。预览交叉叠化、渐变和视频系统（尤其在非线性编辑系统中）中的其他转场会更为简单。在 Final Cut Pro 中，可以继续调整并预览转场，直到刚好合适。

4.7.1   常见转场类型

剪切是最基本的转场类型，它是一种没有时间长度的转场；当一个镜头开始时，另一个镜头立即开始，不带任何重叠。所有其他转场逐渐将一个镜头替换成另一个镜头；当一个镜头停止时，另一个镜头逐渐将其替换。有三种随时间发生的常见视频转场：淡出淡入、交叉叠化和划像。

• 淡出：淡出降低完全暗度镜头的暗度，直到它消失。淡入是增加无暗度镜头的暗度，直到其暗度变满。这些是常用的"渐变至黑画面"和"渐变增强（从黑色）"转场。

• 交叉叠化：交叉叠化需要两个镜头。第一个镜头淡出，同时第二个镜头淡入。在交叉叠化过程中，这两个镜头在渐变时叠加。

• 划像：划像指屏幕分割，即从图像一边移至另一边，以逐渐显示下一个镜头。这比渐变或交叉叠化更为明显。

Final Cut Pro 还附带两种音频转场：一种是+3dB 交叉渐变（默认），另一种是 0dB 交叉渐变。

• 交叉渐变（+3 dB）：执行与交叉渐变（0dB）相同的操作，但是会将等幂渐变（而不是线性渐变）应用于音量。

备注：等幂渐变采用四分之一周期的余弦淡出和四分之一周期的正弦淡入曲线。结果是整个渐变过程中音量保持不变。

• 交叉渐变（0dB）：使第一个片段渐小，同时使第二个片段渐大。此效果将线性渐变应用于音量。结果是在交叉渐变中间音量就降低了。

每种交叉渐变都会导致音量随转场播放时的不同变化。选取哪种交叉渐变取决于要在它们之间进行转场的片段。尝试一种交叉渐变，再尝试另一种，看看哪种听起来效果更好。

4.7.2　在序列中使用转场

转场（特别是叠化）一般会给观众一种时间和位置上的变化的印象。在使用非常长的转场时，转场更多地是变成特殊效果，这对于在序列中制造不同的氛围是很有用的。转场可用于：

- 表示场景之间的时间消逝。
- 在影片或场景的开始渐变增强。
- 创建蒙太奇画面。
- 在影片或场景的结尾淡出。
- 创建运动图形效果。
- 柔化跳切（同一素材两个不同部分之间的剪切）。

Final Cut Pro 附带了多种可以在节目中使用的转场，但最常用的是叠化和划像。

4.7.3　在片段之间添加转场

可以在编辑片段到时间线中时或在序列中已有片段之间添加转场。

1．要随添加到时间线的片段一起添加转场

- 将片段编辑到序列中时，可以在"画布编辑"叠层中选取"插入（带转场）"或"覆盖（带转场）"选项。这样可以在入片段的入点和出片段的出点添加默认转场。默认视频转场是 1 秒交叉叠化，但需要时可以更改。

2．要从"效果"菜单中添加转场

（1）进行下面的一项操作：

- 点按序列中两个片段间的一个编辑点以选择该点。
- 将画布或时间线播放头放在相应编辑点。
- 将画布或时间线播放头放置在已经编辑到序列的转场上。

（2）进行下面的一项操作：

- 选取"效果">"视频转场"，选取转场类型，然后从子菜单中选取想要的转场。
- 选取"效果">"音频转场"，然后从子菜单中选取想要的转场。

如果在编辑点两边均有足够的交叠帧，则选定的转场将被添加到编辑，以编辑点为中心。

3．要从浏览器中的"效果"标签中添加转场

- 将转场从浏览器中的"效果"标签中拖到时间线中的一个编辑点。

如果两个片段间有足够多的交叠帧，可拖移转场，使其以编辑点为开始、以编辑点为中心或以编辑点为结束。当将转场拖到编辑点旁边时，转场便吸附到这三个区域之一。

4．要将转场多次添加到选定的片段范围

（1）拖移或按住 Shift 键并点按，以选择想添加转场的片段的范围。

如果正在添加视频转场，请拖移或按住 Shift 键点按选择的视频轨道。要添加音频转场，请拖移或按住 Shift 键并点按选择的音频轨道。不能将转场添加到非相邻片段，必须选择一个连续的范围。如果选择单个片段，Final Cut Pro 会将转场添加到选定片段的开头

和结尾。

（2）进行下面的一项操作：

· 从"效果"菜单中选取要的视频转场或音频转场。

· 打开浏览器的"效果"标签，并将想要的视频转场或音频转场拖移到选定的片段范围。拖移到片段范围的中间（不是拖移到片段的结尾）。当片段以棕色外框显示选中时，松开鼠标按钮以应用转场。

4.7.4　移动、拷贝和删除转场

在添加转场后，可以移动转场或更改其编辑点。也可以拷贝转场，以将同一转场快速添加到序列中的另一点（如有必要，以后修改其属性）。还可以删除转场。

1．要在序列中移动转场

· 在时间线中，将一种转场从其当前编辑点拖到所需编辑点。

如果在编辑点的两边均有足够的交叠帧，则可以将转场拖到编辑点前、编辑点处或编辑点后。

2．要将转场从一个编辑点拷贝到另一个编辑点

（1）进行下面的一项操作：

· 在时间线中，选择要拷贝的转场，然后按下 Command-C。

· 按住 Control 键并点按转场，然后从快捷菜单中选取"拷贝"。

（2）进行下面的一项操作：

· 选择要添加转场的编辑点，然后按下 Command-V。

· 按住 Control 键并点按要添加转场的编辑点，然后从快捷菜单中选取"粘贴"。

3．要从序列中移走转场

（1）选择时间线中要移走的转场。

（2）进行下面的一项操作：

· 选取"编辑" > "清除"（或者按下 Delete）。

· 按住 Control 键并点按转场，然后从快捷菜单中选取"剪切"。

4.7.5　在时间线中修改转场

一旦将转场放置在轨道上，也许会想要更改时间长度使其变长或变短，或者通过选取转场相对于两个片段之间的编辑点开始的地方来更改它的对齐方式。也可以替换转场。

1．在时间线中更改转场的时间长度

只要有足够的交叠帧来容纳新的时间长度，就可以更改转场的时间长度。在时间线中更改转场时间长度时，时间长度更改的方式取决于转场的对齐方式。

· 如果转场以编辑点为结束：时间长度将影响此点左边的那个片段（出片段）。

· 如果转场以编辑点为中心：则时间长度的更改会向两个方向延伸。

· 如果转场以编辑点为开始：时间长度将影响此点右边的那个片段（入片段）。

可以拖动或使用时间码来更改转场的时间长度。

2．要在时间线中以拖动方式更改转场的时间长度

（1）选择选择工具，然后在时间线中将指针移动到转场的开头或结尾。

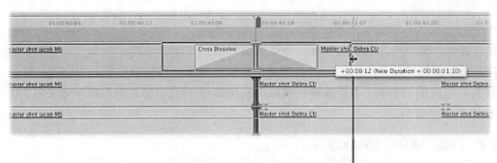

指针放到转场一边并拖拽以改变转场时间

图 4-75 更改转场的时间长度

（2）拖动转场的一边使时间长度更长或更短。

3．要在时间线中使用时间码更改转场的时间长度

进行下面的一项操作：

- 连按时间线中的转场。
- 按住 Control 键并点按时间线中的转场，然后从快捷菜单中选取"时间长度"。
- 选择时间线中的转场，然后按下 Control-D。

在"时间长度"对话框中，输入转场的新时间长度，然后点按"好"。

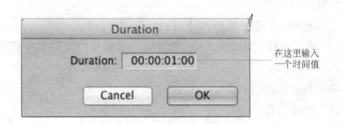

在这里输入
一个时间值

图 4-76 输入转场时间长度

4．要将序列中的一个转场与另一个转场交换，执行以下一项操作：

- 将时间线播放头移动到要更改的转场上（或点按以选择它），选取"效果">"视频转场"或选取"效果">"音频转场"，然后从子菜单选取另一个转场。
- 将一个转场从浏览器的"效果"标签中拖到时间线中想要更改的转场处。如果指针位于旧的转场上，它会高亮显示，以表示即将被替换。

备注：如果用已存储为常用转场的转场替换序列中的一种转场，常用转场的时间长度就会覆盖所替换的转场的时间长度。有关常用转场的更多信息，请参阅"将转场存储为常用转场"。

- 按住 Control 键并点按一种音频转场，然后从快捷菜单中选取另一种转场。由于仅有两种音频转场，所以两者都显示在此菜单中。

4.7.6 Final Cut Pro 附带的视频转场

Final Cut Pro 附带了多种视频转场。以下部分将过滤器分成若干类型，然后讨论各种类型的用途。

三维模拟

转场	结果
交叉缩放	使视频在第一个片段上放大，切换到第二个片段上，然后缩小。可以指定中心点、缩放中的放大量和缩放过程中应用的模糊度。
立体转动	创建每个片段的三维立方体，然后往所选取的方向转动。也可以从内部或外部显示此立方体。
三维转动	围绕中心点转动第一个片段，从而显示第二个片段。可以选取转动轴的角度。
三维转回	围绕其中心点转动第一个片段，直到片段从片段边缘显示，然后切换到第二个片段，该片段便转动到显示中。可以选取转动轴的角度。
摆动	制作使第一个片段向检视器（向内）摆动或向第二个片段（向外）摆动的效果，第二个片段会在摆动幅度加宽时显示。可以选取摆动轴的角度。
缩放	在第一个片段的顶部从单个中心点放大第二个片段，至全最大帧尺寸。可以指定缩放开始的中心点（相对于第一个片段）。

叠化

转场	结果
加法叠化	添加两个片段，使第一个片段淡出，第二个片段淡入。
交叉叠化	将第一个帧融合到第二帧中。 如果在"序列设置"窗口的"视频处理"标签中将序列设为 10 位精度，则用 10 位精度渲染。
中间色叠化	将第一个片段融合到选定的中间色中，然后将中间色融合到第二片段中。可以调整融合的速度。
褪色叠化	通过移走第一个片段中的随机像素而显示第二个片段来将第一个片段叠化到第二片段中。
淡入、淡出	当出片段淡出时淡入入片段。显示转场中当前轨道下方的那个轨道。
非加法叠化	当第一个片段淡出，第二个片段淡入时，比较两个片段中的像素，然后显示较淡的片段。
波纹状叠化	将池塘涟漪状效果应用于第一个片段，同时将第一个片段融合到第二个片段中。可以选取波纹数量、波纹在第一个片段上的中心点及其幅度和加速度。也可以将圆形高光应用到波纹。

光圈

转场	结果
交叉、菱形、椭圆形、点形、矩形和星形	这些效果很相似，但形状不同。它们都给人以包含第一个片段的光圈的印象，打开后显示第二个片段。在每个光圈效果中，可以指定围绕其定义打开的中心点，并羽化边缘，而羽化会将片段的边缘融合在一起，产生漫射光圈。

映射

转场	结果
通道映射	从第一个片段和第二个片段映射通道，或用黑色填充通道。可以反转单个通道。
亮度映射	使用片段的亮度来映射颜色。

翻页

转场	结果
翻页	剥落第一个片段，显示第二个片段。可以调整剥落的外观。

QuickTime

QuickTime 包含这里列出的一组内置视频效果，其中一些是美国电影电视工程师协会（SMPTE）定义的标准效果的实施结果。

转场	结果
通道合成	通过图像的 Alpha 通道将两个图像组合起来，以控制融合。它提供了标准 Alpha 融合选项，并可使用任何颜色进行预乘处理（尽管白色和黑色最常见而且运行更快）。
色键	通过使用第二个源的像素（与第一个源的像素对应）替换作为指定颜色的第一个源的所有像素，来将两个源组合起来。这使得第二个源可以透过第一个源显示。这似乎是将第二个片段放置在第一个片段后面，并使选定的颜色透明。
外爆	第二个片段从某个点开始向外展开，直到完全覆盖第一个片段。外爆的中心点是在效果参数中定义的。
渐变划像	使用遮罩图像制作两个源图像之间的转场。从第一个片段到第二个片段的转场发生在遮罩图像最暗的地方，一直延伸到遮罩图像最亮的地方。
内爆	第一个片段收缩为一个点，从而显示第二个片段。内爆的中心点是在效果参数中定义的。
光圈	第一个片段像光圈一样打开，显示第二个片段。
矩阵划像	有一系列矩阵显示型效果，它们发生在两个源之间。
推入	一个源图像替换另一个源图像，两者同时移动。例如，第一个片段占满整个帧，接着，当第一个片段从左边滑出时，第二个片段从右边推入。与滑动效果不同，两个源都在移动。推入效果从上、右、下、左进行。
放射状	第一个片段以放射状（或半圆形）扫过，显示第二个片段。
滑动	第二个片段滑动到屏幕上，覆盖第一个片段。第二个片段进入帧的角度是储存在参数中的，0 度表示屏幕顶部。
划像	第一个片段划像以显示第二个片段。
缩放	一个片段从另一个片段放大或缩小。

滑动

转场	结果
带状滑动	第一个片段的条带以平行方向滑入，显示第二个片段。可以调整带的数目和滑动方向。
框状滑动	第一个片段的条带以垂直方向滑动，一次滑动一条，以显示第二个片段。可以调整带的数目和滑动方向。
中心分开滑动	将当前片段从中心分开，然后水平滑动分开的两半，使它们分离，从而显示下面的片段。
多重转动滑动	第一个片段的框转动并缩小，以显示第二个片段。可以调整相对于第一个片段的中心进行的转动，相对于框的中心进行的转动，以及框的数目。
推出滑动	第二个片段将第一个片段推出显示。可以调整推出方向。
转动滑动	第一个片段的框转动并缩小，以显示第二个片段。可以调整相对于框中心进行的转动以及框的数目。
分开滑动	第一个片段在特定的点分开并滑动，以显示第二个片段。可以调整分开的方向。
交换滑动	第一个（顶部）片段和第二个（底部）片段往相反方向滑动，交换位置，然后往回滑动，显示第二个片段。可以调整滑动方向。

伸缩

转场	结果
交叉伸缩	当第二个片段从指定边缘往相对的边缘伸展时，第一个片段便收缩。
收缩	第一个片段从两个相对的边缘向中心收缩，以显示第二个片段。可以指定收缩的方向
收缩与伸展	第一个片段从两个相对的边缘向中心收缩，然后在垂直方向上伸展，以显示第二个片段。可以调整收缩的方向。
伸缩	第二个片段从指定边缘伸展，越过第一个片段。

划像

转场	结果
Alpha 转场	使用动画资源以定义划像。可以创建可重复使用和重新定时的复杂转场。有关更多信息，请参阅"使用 Alpha 转场"。
带状划像	横跨第一个片段的带状划像可显示第二个片段。可以指定条数和划像方向。
中心划像	从第一个片段上的指定点开始的线性划像可显示第二个片段。可以调整划像方向。
格子划像	分隔成格子的框显示在第一个片段上，以显示第二个片段。可以调整框的数目和划像方向。
棋盘划像	分隔成格子的各个框分别在第一个片段上划像，以显示第二个片段。可以调整框的数目和划像方向。
时钟划像	在第一个片段上的旋转划像可显示第二个片段。可以调整划像的起始点和方向以及旋转的中心点。
边缘划像	从第一个片段的边缘开始的线性划像显示第二个片段。可以调整划像方向。
渐变划像	使用渐变划像图像在第一个片段上划像，从而显示第二个片段。可以调整划像的柔和度并反转渐变划像图像。默认情况下，转场从左向右水平划像。可以通过将图像成功地拖到渐变片段上来覆盖渐变划像。
插入划像	从第一个片段的指定边缘或拐点开始的矩形划像可显示第二个片段。
虎口状划像	从第一个片段中心开始的虎口状边缘划像可显示第二个片段。可以调整划像方向和虎口状边缘的形状。
随机边缘划像	从第一个片段边缘开始的带有随机边缘的线性划像可显示第二个片段。可以调整划像方向和随机边缘的宽度。
V 字形划像	从第一个片段的指定边缘开始的 V 字形划像可显示第二个片段。
百叶窗式划像	横跨第一个片段的带状划像可显示第二个片段。可以调整各个条带的角度以及条数。
缠绕式划像	往指定方向横跨第一个片段的带状划像可显示第二个片段。可以指定划像的起始点和方向以及条数。
Z 字形划像	以 Z 字形越过第一个片段的带状划像可显示第二个片段。可以指定划像的起始点和方向以及条数。

4.8 使用视频滤镜

一旦序列中有片段，就可以应用滤镜来处理和修改片段的可视内容。

4.8.1 使用滤镜的不同方法

滤镜允许修改和增强片段的外观。可以使用滤镜来执行以下操作：

• 调整片段的图像质量：使用色彩校正滤镜来调整片段的具体质量，例如，颜色、亮度和对比度、饱和度和清晰度。这些滤镜允许在拍摄之后通过调整片段的色彩平衡和曝光来对曝光中的错误做出补偿。可以微调已编辑序列中的片段，确保场景中所有片段的颜色和曝光尽可能相匹配。还可以使用色彩校正滤镜来处理颜色和曝光以创建特定效果，从而使项目中的片段具有独特的风格。

• 创建视觉效果：某些滤镜（例如，波纹滤镜或鱼眼滤镜）使能够创建粗体视觉效果。可以应用并组合这些滤镜来创建下列效果：从模拟三维空间的片段转动到在画布中的片段图像的模糊、波浪和翻转效果。

• 创建和处理透明效果：使用滤镜（例如，色键或冗余色块）来创建和处理项目中片段的 Alpha 通道信息。键控滤镜根据图像中的蓝色、绿色、白色或黑色区域创建 Alpha 通道。其他滤镜（例如，宽屏幕和柔边滤镜）允许通过扩展、收缩和羽化透明区域以微调效果来进一步处理抠像片段中的透明区域。像蒙版形状和复合运算之类的滤镜根据简单几何形状生成新的 Alpha 通道或将 Alpha 通道从一个片段拷贝到另一个片段。

4.8.2 将滤镜应用到片段

1. 可以将滤镜应用于序列中的片段或浏览器中的片段，理解这两种方法之间的差别如果将滤镜应用于序列片段，这些滤镜仅应用于此片段。浏览器中的主片段保持不变。

如果将滤镜应用于浏览器中的主片段，其他序列中已存在的该片段的实例保持不变，但如果将主片段编入序列，新滤镜也会随片段编入序列中。

大多数情况下，将滤镜应用于序列中的各个片段，而不是浏览器中的主片段。有时，例如在色彩校正期间，可能想要使编入序列中的主片段的每个实例均应用相同滤镜。在这种情况下，将色彩校正滤镜应用于浏览器中的主片段。但是，应用于片段的滤镜相互之间仍保持独立。如果修改主片段的滤镜参数，则附属片段中的相同滤镜参数不会修改。

提示：要保持多个片段间滤镜设置的一致性，可以使用"粘贴属性"命令拷贝并粘贴滤镜设置。

2. 要对序列中的片段应用滤镜，执行以下任意一项操作：

• 在时间线中选定一个或多个片段，选取"效果">"视频滤镜"，然后从子菜单中选取滤镜。提示：如果在时间线中未选择任何片段，滤镜便会应用于已打开"自动选择"功能的轨道上播放头下方的片段。

• 选定时间线中的一个或多个片段，然后从浏览器的"效果"标签中将滤镜拖到时间线中的一个已选定片段中。

• 在检视器中打开序列片段，然后执行以下任意一项操作：

选取"效果">"视频滤镜",然后从子菜单中选取滤镜。

从浏览器的"效果"标签中将滤镜直接拖到检视器中。

3．将多个滤镜应用于片段

一次可以将一个或多个滤镜应用于片段。还可以同时将一个或多个滤镜添加至多个片段。可将任意数量的滤镜添加至片段。如果对片段应用多个滤镜,则将按顺序应用这些滤镜(应用第一个滤镜,然后应用下一个滤镜,依此类推)。

片段的视频滤镜出现在检视器的"滤镜"标签中的顺序决定该片段的效果。例如,如果对片段先应用模糊滤镜,然后应用池塘涟漪状滤镜,则该片段先是模糊的,然后模糊的图像将形成波纹。如果更改顺序,则图像先是波纹状的,然后波纹状的图像变得模糊。将多个滤镜应用于片段之后,就可以通过在"滤镜"标签中上下拖移它们来更改它们产生效果的顺序。

4．要对序列中的片段应用多个滤镜,执行以下任意一项操作

• 一次对片段应用一个滤镜(如上所述)。

• 在浏览器的"效果"标签中选定滤镜,拷贝它,然后将它粘贴到检视器中片段的"滤镜"标签中。

• 从一个片段的"滤镜"标签中拷贝滤镜,然后将它们粘贴到另一个片段的"滤镜"标签中(无论片段是时间线中的序列片段还是浏览器中的主片段)。

• 按住 Shift 或 Command 键并点按以选定浏览器的"效果"标签中的多个滤镜,然后将它们拖到时间线中的一个或多个已选定片段中。

• 将检视器中片段的"滤镜"标签中的一个或多个滤镜拖到时间线中的片段。

4.8.3　显示和调整片段的参数

应用滤镜后,可以在"滤镜"标签中查看和调整特定滤镜设置。

1．要查看已应用于片段的滤镜,执行以下任意一项操作

• 在检视器中打开片段,然后点按"滤镜"标签。

• 如果已在检视器中打开序列片段,则点按"滤镜"标签。

• 在时间线中片段的视频轨道中,连按过滤器条。

片段已在检视器中打开,且"滤镜"标签被选定。

备注:如果已在检视器中打开序列片段且"滤镜"标签被选定,当打开另一个序列片段时,新片段打开的同时"滤镜"标签也被选定。

2．要显示滤镜的参数

• 在"滤镜"标签中,点按参数旁边的显示细节三角形。Final Cut Pro 中有各种控制可用来控制滤镜。虽然每个滤镜有自己的单独参数和控制,但是所有滤镜都有一些共用控制。

• 滤镜类别条:先列出视频滤镜,然后列出滤音器。(这适用于同时具有视频和音频项的片段)。点按视频滤镜类别条或音频滤音器类别条以选择该类别中的所有过滤器。

• 名称条:每个滤镜都有一个名称条,包含显示细节三角形、启用/停用注记格和滤镜名称。向上或向下拖动名称以更改列表中滤镜的位置(如果滤镜的控制是隐藏的,则比较容易实现此操作)。

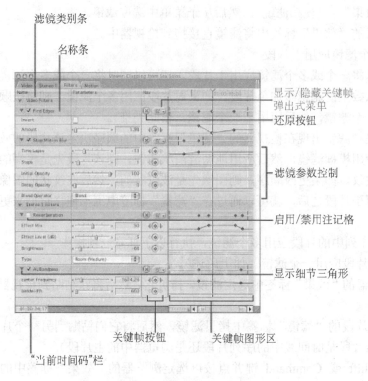

滤镜类别条

名称条

显示/隐藏关键帧
弹出式菜单

还原按钮

滤镜参数控制

启用/禁用注记格

显示细节三角形

关键帧按钮　　　　　关键帧图形区

"当前时间码"栏

图 4-77　滤镜控制标签

• 还原按钮：还原按钮位于"导航"栏下的"名称"条中。点按以删除相应参数的所有关键帧，并将这些参数还原为它们的默认值。

• 显示/隐藏关键帧，弹出式菜单：此弹出式菜单位于"导航"栏的"名称"条中。使用此弹出式菜单打开或关闭关键帧图形区域顶部显示为蓝色的关键帧显示。可以显示单个参数的关键帧或一组参数的关键帧。

• 启用/禁用注记格：选择或取消选择以打开或关闭滤镜。没有选定此注记格时，就不会应用或渲染滤镜。

• 显示细节三角形：点按以显示和隐藏滤镜的所有控制。

• 参数控制：每个滤镜都有它自己的一组参数控制。

• "当前时间码"栏：此栏显示关键帧图区域中播放头的位置。当键入新的时间码值时，播放头就移到相应时间。

• 关键帧按钮：点按以将相应参数的关键帧放置在关键帧图中播放头的位置，以准备在效果中创建动态更改。

• 关键帧导航按钮：用来将播放头从一个关键帧向前或向后移到相应叠层上的下一个关键帧。

• 关键帧图区域：关键帧图区域显示全部关键帧和与检视器中当前显示的参数有关的插入的值。

• 关键帧图标尺：关键帧图标尺与片段的时间长度或序列中片段的位置相对应。

• 如果从浏览器打开片段：关键帧图标尺会显示片段本身的时间长度。检视器中的播放头独立于时间线或画布中的播放头移动。

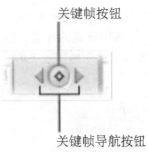

图 4-78　关键帧按钮

• 如果从时间线中的序列打开片段：关键帧图标尺会显示将片段编辑到时间线的那个部分。检视器中的播放头锁定到时间线和画布中的播放头。

• 滤镜起始点和结束点：如果将滤镜应用于片段的部分，则滤镜起始点和结束点就出现在片段的关键帧图区域中。

• 当前未使用的片段部分：对于检视器的"滤镜"标签中显示的位于片段入点和出点指定的时间长度之外的片段帧，其灰度比正在使用的片段部分的灰度要深。这有助于知道要在什么位置应用关键帧。

缩放控制：此控制允许在关键帧图区域中的标尺显示的时间长度上放大或缩小，在放大或缩小时会展开或收缩关键帧图标尺。这也会使在放大或缩小时使可视关键帧图的区域保持居中。

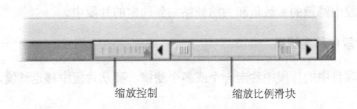

图 4-79　缩放控制

• 缩放比例滑块：此滑块允许放大和缩小由关键帧图标尺显示的时间长度，方法是向任一边拖动小标签，同时调整两个小标签并保持关键帧图的可视区域居中。按下 Shift 键并拖动一个小标签来放大或缩小关键帧图，这样就锁定了对面的小标签并将关键帧图的可视区域向正拖往的方向移动。

4.8.4　拷贝并粘贴片段的滤镜

当从时间线中拷贝片段时，还将拷贝该片段的所有设置，包括应用于该片段的滤镜。可以通过在"编辑"菜单中使用"粘贴属性"命令仅将该片段的滤镜粘贴到其他片段中，而不粘贴已拷贝的片段的副本。

要使用"粘贴属性"命令来将滤镜粘贴到片段中。

1. 选定时间线中具有想要拷贝其设置的滤镜的片段。
2. 选取"编辑">"拷贝"。
3. 在时间线中选定一个或多个片段以对其应用滤镜。

4．进行下面的一项操作：

• 选取"编辑">"粘贴属性"（或按下 Option-V）。

• 按住 Control 键并点按在时间线中选定的片段，然后从快捷菜单选取"粘贴属性"。在"粘贴属性"对话框中，选定"视频属性"下的"过滤器"注记格。

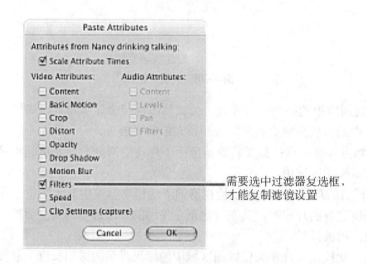

需要选中过滤器复选框，才能复制滤镜设置

图 4-80　"粘贴属性"对话框

5．选择任何其他选项，然后点按"好"。

所拷贝的片段中滤镜的参数值和关键帧粘贴到选定的片段中。

4.8.5　从片段中移走滤镜

可以随时从项目中的片段中移走一个或多个滤镜。要从片段中移走滤镜，执行以下一项操作：

• 选择滤镜，然后选取"编辑">"清除"。

• 选择滤镜，然后选取"编辑">"剪切"。

• 按住 Control 键并点按滤镜，然后从快捷菜单中选取"剪切"。

• 选择"滤镜"标签中的滤镜，然后按下 Delete 键。

要删除片段的所有视频滤镜：

• 点按"滤镜"标签中的视频滤镜类别条。

• 选取"编辑">"清除"（或者按下 Delete）。

4.8.6　Final Cut Pro 中提供的视频滤镜

Final Cut Pro 带有许多可用于各种应用程序的视频滤镜。下面列出并介绍 Final Cut Pro 提供的部分常用视频滤镜。

1．模糊滤镜

模糊滤镜通常用来去掉视频片段中风格化的背景图形。如果应用足够的模糊，就几乎可以将任何视频图像变成颜色和形状的风格化融合。

滤镜	结果
高斯模糊	使片段的整个画面变模糊。弹出式菜单允许选取要使哪个通道变模糊。可以同时使一个或全部颜色和 Alpha 通道变模糊，也可以分别使它们变模糊。半径滑块允许指定使片段变模糊的程度。
放射状模糊	产生图像正围绕中心点转动的错觉。角度控制允许调整最大模糊程度。使用步进滑块来调整模糊的平滑度。还可以指定画面中模糊围绕其旋转的中心点。
风状模糊	产生图像正在按线性方向移动的错觉。使用角度控制来调整模糊移动的方向。使用缩放量滑块来指定模糊的每个增量之间的距离。使用步进滑块来调整模糊的平滑度。
缩放模糊	产生图像正移近或移远的错觉。弹出式菜单允许选取模糊是移入还是移出。半径滑块决定模糊的增量之间的距离，而步进滑块决定模糊显示的光滑度。

2. 通道滤镜

通道滤镜允许处理序列中的片段的颜色和 Alpha 通道以创建效果。

滤镜	结果
运算	执行运算操作，以将片段的特定颜色通道与其他颜色融合。可以从弹出式菜单中选取使用的运算方式和要应用于的通道。颜色控制允许指定要与该通道交互作用的颜色。
通道模糊	允许将不同程度的模糊量同时应用于片段的每个颜色和 Alpha 通道。滑块允许控制对每个通道应用的模糊程度。
通道位移	片段的一个通道或全部通道的位置的位移。可以从"通道"弹出式菜单中指定要位移的通道、使用"中心位移"控制指定位移量并从"边缘"弹出式菜单中指定要使用的边缘类型。
颜色位移	片段中的个别通道的颜色的位移。可以使用此滤镜创建色调分离样式效果。可以反转图像或盖住颜色。滑块允许控制片段中的每个颜色通道的位移值。
复合运算	对片段和另一个指定片段执行运算操作。可以从弹出式菜单中选取运算方式和通道。
反转	反转已选定片段的一个或全部通道。"通道"弹出式菜单允许选取要反转哪个或哪些通道，而"数量"滑块允许调整要应用的反转量。

3. 色彩校正滤镜

色彩校正滤镜允许调整片段的黑场、白场和色彩平衡。

滤镜	结果
广播安全	它可以提供一种快速方法来处理亮度、色度或 RGB 级别超出视频的广播限制的片段。
色彩校正	用于执行色彩校正的基本滤镜。虽然不像三路色彩校正滤镜有那么完整的特色功能，但实时硬件对它的支持性更好一些。
三路色彩校正	提供更精确的颜色控制，可对图像的黑场、中间调和白场的色彩平衡进行单独的调整。
降低亮部饱和度	允许在应用其中一个色彩校正滤镜时消除有时出现在图像的高亮部分中的不想要的颜色。
降低暗部饱和度	允许在应用其中一个色彩校正滤镜时消除有时出现在图像的黑场中的不想要的颜色。
RGB 平衡	允许提高或降低 RGB 颜色空间中每个通道（红、绿和蓝）的高光、中间调和黑场的电平。
RGB 限制	它使可以使用精细控制限制非法 RGB 值。

4．影像控制滤镜

影像控制滤镜允许处理片段中黑、白和颜色的层次。它们可用来校正具有颜色或曝光问题的片段或创建其他更好的效果。要对片段中的颜色进行更细微的控制，使用色彩校正滤镜。

滤镜	结果
亮度和对比度（贝塞尔）	允许更改片段的亮度和对比度（在 -100% 至 100% 之间）以使图像变暗或变亮。亮度和对比度可同时影响片段的所有颜色值和亮度值。如果使用过度，会使片段看起来非常苍白。
色彩平衡	允许独立调整片段中红色、绿色和蓝色的量。选定此滤镜是影响片段的高光（明亮区域）、中间调还是暗调（黑暗区域）。色彩平衡可用来校正视频录像上不准确的白平衡或创建颜色效果。
调整饱和度	移走片段中指定的颜色量。100% 调整饱和度会产生灰度图像。
伽玛校正	以指定伽玛量更改片段。此滤镜可用来从曝光不足的电影镜头中获取影象的细节或减少过度曝光的电影镜头而不必冲掉片段。
层次校正	与伽玛校正滤镜的作用相似，但是允许进行更多控制。可以指定片段的特定 Alpha 或颜色通道。使用"导入"、"导入容差"、"伽玛"、"导出"和"导出容差"滑块来更改效果。
处理放大器	模拟在复合视频处理放大器上可用的控制。此滤镜提供对片段的黑电平、白电平、色度和色相的精确控制。"设置"滑块允许调整片段的黑电平。"视频"滑块允许调整白电平。"色度"滑块允许剪切或增加片段的颜色层次，而"色相"角度控制允许调整色相。
棕褐色	默认情况下使用深褐色为片段着色。使用"数量"滑块和"高光"滑块可以调整着色量和着色的亮度，也可以使用"着色"控制来选定其他颜色。
着色	使用指定的颜色为片段着色。使用此滤镜只能调整着色量。

5．键控滤镜

键控滤镜通常用来抠掉视频的背景区域以便分离出前景组成以与另一背景合成。键控滤镜通常与遮罩边缘滤镜配合使用。

滤镜	结果
蓝屏和绿屏	抠出片段的蓝色或绿色区域并将选定的颜色用作透明蒙版以将前景元素与背景场景合成。"显示"弹出式菜单允许查看片段（没有应用任何抠像）的源、滤镜创建的遮罩、最终遮罩图像或者源、遮罩和最终图像的特殊合成以供参考。"抠像模式"弹出式菜单允许选取蓝色、绿色或蓝/绿差分作为抠像颜色。"颜色层次"滑块允许指定片段中要抠掉的蓝色或绿色量，而"颜色容差"滑块允许将抠像扩展到包含其他抠像颜色的邻近区域。"边缘粗细"滑块允许扩大或缩小遮罩区域来尝试消除镶边，而"边缘羽化"滑块允许使遮罩的边缘变模糊以创建更平滑的抠像。（在使用这些滑块之前，尝试使用遮罩边缘滤镜。）"反转"注记格允许使遮罩反转，这样就使得蒙版的部分成为单一颜色，而单一颜色的内容成为蒙版的。
抠像	允许使用希望的任何范围的颜色来创建抠像，包括（但不限于）一般蓝色和绿色。还可以通过一起或分别调整用来定义抠像的颜色值、饱和度和亮度范围来微调合成。例如，如果只想执行亮度键，可以关闭颜色和饱和度。即使在执行颜色抠像时，也可以通过分别处理颜色范围和饱和度控制来获得很好的结果。
颜色抠像	对片段中的任何颜色进行抠像。颜色控制允许选定片段中的颜色作为指定的抠像颜色。有时称为色度抠像。
颜色平滑 4:1:1 颜色平滑 4:2:2	改进了色度抠像的质量并减少了视频片段中强对比度颜色区域出现的斜向"阶梯形"。对 NTSC 或 PAL DV-25 视频源使用 4:1:1 颜色平滑。（PAL mini-DV/DVCAM 是例外，它使用 4:2:0 颜色采样。）对 DVCPRO 50、DVCPRO HD 和 8 位及 10 位未压缩视频使用 4:2:2 颜色平滑。要改进色度抠像的质量，请先对想要进行色度抠像处理的视频片段应用相应的平滑滤镜。当添加附加的键控滤镜时，要确定"颜色平滑"滤镜仍然是"滤镜"标签的视频部分中的第一个滤镜。
差分遮罩	比较两个片段并抠出相似的区域。"显示"弹出式菜单允许查看片段的源（没有应用抠像）、滤镜创建的遮罩、最终遮罩图像或源、遮罩和最终图像的特殊合成以供参考。"差分层"片段池允许指定要与当前图像进行比较的另一个片段以便进行抠像。"临界值"和"容差"滑块允许调整抠像以尝试隔开想要保留的图像部分。
亮度键	与色键（颜色抠像）相似，但亮度键将根据图像的最亮或最暗区域创建遮罩。当片段中既有想要抠掉的画面（其中明亮和黑暗区域之间在曝光上存在很大的差异），又有想要保留的前景图像时，抠掉亮度值效果最好。"显示"弹出式菜单允许查看片段的源（没有应用抠像）、滤镜创建的遮罩、最终遮罩图像或源、遮罩和最终图像的特殊合成以供参考。"抠像模式"弹出式菜单允许指定此滤镜是抠掉图像的较亮区域、较暗区域、相似区域还是不相似的区域。"遮罩"弹出式菜单允许根据此滤镜创建的遮罩来创建有关片段的 Alpha 通道信息或应用于片段的颜色通道的高对比度遮罩图像。
边缘抑制—蓝色	当使用蓝屏和绿屏抠像来抠掉片段中的蓝色时，有时前景图像的边缘有残余的蓝色镶边，称为溢出。此滤镜通过降低出现镶边的边缘的饱和度来移走此蓝色镶边。此滤镜应始终显示在检视器的"滤镜"标签中显示的滤镜列表中的颜色抠像之后。它对图像的色彩平衡有轻微的影响。
边缘抑制—绿色	与边缘抑制—蓝色滤镜的工作方式相同，但带有绿色镶边。

4.9 更改运动参数

项目中的每个视频和图形片段都有一组运动参数，可以在检视器的"运动"标签中编辑这些参数。这些参数包括"缩放"、"旋转"和"中心"。

4.9.1 在检视器中创建运动效果

Final Cut Pro 中的每个视频、图形和生成器片段都有一组相对应的运动属性，每个属性都包含一个或多个可调整的参数。当更改这些参数后，就创建了一种运动效果。通过调整片段的运动设置，几乎可以用想用的任何方式更改片段的图形来移动、收缩、放大、旋转片段和使片段变形。还可以以图形方式调整运动设置，方法是在画布中直接处理它们。

使用关键帧，可以随时间推移动态调整运动效果。可以对每个片段的运动参数设置关键帧以将序列中的片段制作成动画，使它们在屏幕上随时间推移移动、旋转以及放大或收缩。还可以更改片段的不透明度以使它淡入淡出，并可动态调整任何已应用的过滤器效果。例如，当序列播放时使片段从模糊逐渐变为清晰。

4.9.2 在运动标签中调整参数

运动参数位于检视器的"运动"标签中。当第一次将片段编入序列中时（假定没有在检视器中更改它的任何运动参数），它会具有某些默认参数设置：
- 中心和锚点：0，0。
- 缩放：100。
- 旋转、裁剪、宽高比、投影和运动模糊：0。
- 变形：片段的拐点。
- 不透明度：100。

要查看片段的运动参数：
- 在检视器中打开片段，然后点按"运动"标签。

"运动"标签中的参数分为七个属性集。每个属性都有各自的直观式调整和数字式调整参数控制。

要显示运动属性的参数控制：
- 在"运动"标签中，点按属性旁边的显示细节三角形。

要调整运动参数，执行以下一项操作：
- 拖动滑块。
- 在数字栏中键入新值，然后按下 Return 键。
- 在关键帧图中拖动相应的叠层。
- 对于具有角度控制的设置：拖动刻度盘上的指针。黑色指针表示片段的当前角度；短的红色指针表示向前或向后旋转的总转数。
- 对于使用 x 和 y 坐标的设置：在右边的数字栏中键入新坐标，然后按下 Return 键。

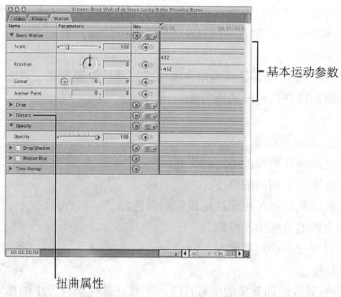

基本运动参数

扭曲属性

图 4-81　"运动"标签

4.9.3　运动标签中的控制

下面描述了检视器的"运动"标签中的属性和相关参数。

1. 基本运动参数

"基本运动"参数允许将运动添加至片段，以更改缩放比例、旋转片段、移动中心点以及设定锚点。

• 缩放：更改片段的整体尺寸而不更改其比例。

• 旋转：沿片段的中心轴旋转片段而不更改其形状。旋转片段时可加上或减去 24 个转数。

• 中心：指定片段的中心点，允许将片段移到帧中的另一个位置。中心参数实际上指的是画布中片段的锚点的位置。

• 锚点：指定用于使片段的放置和旋转以其为中心的点。片段的锚点不必在其中心位置。

2. 裁剪参数

更改片段的"裁剪"参数以裁剪该片段并羽化或软化边缘，以便在合成时边缘可融合到背景中。

• 左、右、上、下：从指定边裁剪片段。可以独立地裁剪片段的上、下、左边和右边。数字栏中的值表示像素值。

• 边缘羽化：在其裁剪线的外边缘应用柔和边框。"边缘羽化"参数值设定得越高，片段的羽化效果就越深入。

3. 变形参数

更改片段的"变形"参数以改变片段的矩形形状或改变其宽高比。

• 左上方、右上方、右下方、左下方：可以通过相互独立地移动片段的四个拐点来更改片段的形状。定义片段的相对变形的拐点就是相对于片段的中心的偏移。

• 宽高比：允许水平或垂直收缩片段以更改其宽度与高度的比率。此参数决不会增大片段的尺寸。可以在数字栏中键入 –10,000 与 10,000 之间的值。

4．不透明度参数

更改片段的不透明度可使其显示为单一颜色或与背景图像形成一定透明度对比。

• 不透明度：增加或降低片段的透明度。

5．投影参数

此属性在片段后面放置投影。

• 偏移：决定投影落在离片段多远的位置。

• 角度：决定投影落下朝向的角度。

• 颜色：有几种颜色控制可用来决定投影的颜色。

• 柔和度：使投影的边缘周围模糊。

• 不透明度：设定投影的透明度。

6．运动模糊参数

运动模糊会影响具有运动效果的所有片段，不管它是视频片段中的移动素材还是已经创建的设定了关键帧的运动效果。

"运动模糊"允许创建或增大普通视频片段中的运动模糊。例如，将运动模糊应用于其中有人站着不动挥手的片段，则手臂将变得模糊，而图像的其余部分仍然清晰。即使挥手不是设定了关键帧的运动效果，这种情况也会发生。"运动模糊"还允许将运动模糊添加至没有任何运动模糊的视频片段，例如，没有使用运动模糊渲染的电脑动画。

"运动模糊"还可以将模糊添加至因为设定了关键帧的运动效果（例如沿路径进行的动画运动、旋转、缩放更改或变形）而移动的层叠片段。这样就可以使 Final Cut Pro 中的动画看起来更自然，就好像运动的片段是用摄像机实际录制的。

任一情况下显示的模糊程度取决于移动素材的速度。素材移动越快，它就变得越模糊，这类似于影片或视频图像。可使用两个参数修改添加的模糊程度。

• % 模糊：影响运动模糊的平滑度。值 1000% 可使 10 帧的运动模糊，值 100% 可使 1 帧的运动模糊。

• 样本：决定所应用运动模糊的详细信息，这取决于应用于片段的运动效果的速度。附加样本显示为模糊的附加层。要更改样本的数量，请从"样本"弹出式菜单中选取一个数字。

7．速度参数

速度参数允许改变片段的速度以创建快动作或慢动作效果。可以应用匀速更改或使速度随时间变化而变化。还可以倒转片段的速度，使它往回播放。

4.9.4　在画布中创建运动效果

序列片段的运动设置还可以在画布中直接处理。如果想在画布中调整片段的运动设置，则画布必须处于"线框"模式之一。当画布处于"影像+线框"或"线框"模式时，当前选定的片段就会有绿松石色的边框，它将显示片段的缩放、定位、旋转、变形和裁剪设置（如果已应用）。如果处于"影像+线框"模式，则还会看到片段的影像；如果处于"线框"模式，则未选定的片段将用带有灰色轮廓的黑色背景表示。

图像加线框显示
模式下的被选片段

图 4-82 "图像＋线框"显示模式

要将画布置于线框模式，执行以下一项操作：

• 选取"显示"＞"影像+线框"，或选取"显示"＞"线框"。

• 按下 W 键会将画布置于"影像+线框"模式。再次按下 W 键会更改为"线框"显示。第三次按下 W 键会返回到"影像"模式。

• 从画布顶部的"显示"弹出式菜单中选取"影像+线框"或"线框"。

4.9.5 在画布中处理影像

当在时间线或画布中选择了片段（并且处于线框模式）时，就会有一些手柄附在该片段上，以允许执行不同的几何处理。所选片段中心的数字显示该片段在哪个轨道中。下面显示画布中已选定片段上的不同手柄。

可旋转手柄

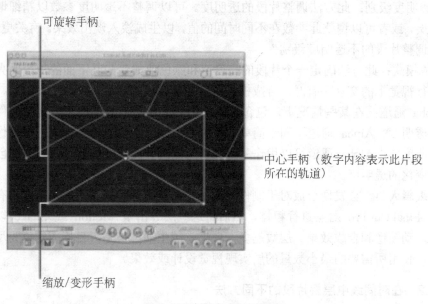

中心手柄（数字内容表示此片段
所在的轨道）

缩放/变形手柄

图 4-83 在画布中处理影像

通过使用工具调板中的选择、裁剪和变形工具,就可以在画布中直接拖动片段的手柄以创建各种效果。

• 中心手柄:使用选择工具拖动片段线框的此手柄以在画布中重新定位该片段(更改该片段的"运动"标签中的"中心"设置)。

• 可旋转手柄:使用"选择"工具拖动这四个手柄中的一个以在画布中旋转该片段(更改该片段的"运动"标签中的"旋转"设置)。

• 缩放/变形手柄:使用选择工具拖动片段四个拐点中的一个来修改其"缩放"设置。使用变形工具拖动这四个点中的一个以独立于其他点来移动该点(更改该片段的"运动"标签中相应的"变形"设置)。

• 裁剪手柄:还可以使用裁剪工具拖动片段四条边中的一条以调整裁剪片段的方式(更改该片段的"运动"标签中相应的"裁剪"设置)。

4.10　使用合成和层叠

合成是将多个视频或图形片段在序列中相互叠加和融合在一起以创建多层运动图形和特效镜头的过程。

合成涉及将序列中的两个或多个视频或图形片段叠放在多个视频轨道上。也可以使用检视器的"运动"标签中的控制来缩放、旋转、重新定位每个片段。堆叠在时间线上的片段的顺序确定画布中哪些图像出现在其他图像的前面。Final Cut Pro 中最多可有 99 个片段层或轨道。

4.10.1　合成的方法

在时间线中层叠片段后,就可以使用下列方法调整每个片段与下面的层融合的方式:

• 不透明度级别:此方法调整片段的透明度。可以调整不透明度参数以精细地融合两个或多个层,或者可以调整此参数在不同时间的值,以生成淡入淡出效果。有关更多信息,请参阅"调整片段的不透明度级别"。

• 合成模式:此方法确定一个片段的亮度值和颜色值如何与其下面的片段的亮度值和颜色值进行视觉上的交互。有时,合成模式也称为融合模式。

• Alpha 通道:在某些情况下,包含有附加的灰度通道信息的图形或视频文件可以确定图像的透明度。Alpha 通道不同于简单的不透明控制,它可以为图像中的每个像素指定唯一的透明度值。Alpha 通道可以用作蒙版,以隐藏部分图像(如蓝屏素材)或创建随整幅图像而变化的透明度。

作为编辑人员,会发现合成对于制作蒙太奇、抽象图像和视频上的字幕非常有用。也可以使用 Final Cut Pro 对层进行粗排,然后将这些层导出至 Motion 或 Shake 以获取更加高级的运动图像和合成效果。层数越多,效果就越生动。但是,目标应定位为尽量保持设计简单,使用所需要的最小数量的层实现视觉设计或效果。

4.10.2　在时间线中层叠片段的不同方法

有几种方法可用来在时间线中层叠片段。

1．在序列中创建新轨道，然后将片段编辑到新轨道中

根据正在创建的效果，可将一个或多个轨道添加到序列。

2．将片段拖到时间线中的空白区域，以便为新片段创建轨道

可将源片段拖到当前轨道之上（或之下）的未使用空间，以便为该片段创建新轨道，如果将片段拖到时间线中已有的轨道上方，将创建新的视频轨道。如果将片段拖到时间线中这些轨道的下方，将创建新的音频轨道。

3．执行叠加编辑

可使用叠加编辑将源片段快速叠放到时间线中已编辑到序列中的任何片段之上，以准备进行合成。如果序列中没有可用的轨道，Final Cut Pro 将为源片段创建一个新轨道。

当层叠片段时，时间线中最上层轨道中的片段就是在画布中回放期间显示的片段。但是，仅当出现下列情况时才会如此：

• 未将任何片段设置为透明（通过更改不透明度参数设置）。

• 所有片段都没有 Alpha 通道。

如果更改一个或多个层叠片段的不透明度级别以使他们有一些透明度，这些片段将会融合，而将见到两个图像组合到一起。

4.10.3　使用合成模式

Final Cut Pro 的合成模式可以确定一个片段的亮度和颜色如何与序列中层叠在它下面的另一片段的亮度和颜色进行视觉上的交互。当将片段编辑到序列中时，它默认为"正常"合成模式，表示它是一个不与它下面的层相融合的完全不透明层。

合成模式如何影响图像的呢？

根据图像中每个颜色通道内的亮度值，合成模式将交叠图像的颜色混合到一起。每幅图像均由红色通道、绿色通道、蓝色通道和 Alpha 通道组成（或在 YCbCr 分量视频情况下，图像由一个亮度通道和两个色度通道组成）。每个单独通道均含有一系列亮度值，这些值可以定义图像中使用某些颜色的每个像素的强度。

每个合成模式对交叠在画布上的对象的影响取决于每个对象中的系列颜色值。每个交叠像素内的红色通道、绿色通道和蓝色通道以数学方式进行组合以生成最终图像。

可以将这些值范围描述为黑色值、中间值或白色值。下面的图表分别对这些区域进行了简单说明。

黑色值　　　　　　　　　　　　　　　　中间值　　　　　　　　　　　　　　　白色值

图 4-84 灰度值区域

例如，"乘法"合成模式可以将落进图像白色区域的颜色值渲染为透明的，而图像的黑色区域保持不变。所有中间范围的颜色值变为半透明，其落入标尺较亮端的颜色比落入标尺较暗端的颜色变得更加透明。

对序列中的层叠片段应用不同合成模式是很简单的。主要是记住合成模式会影响一个

层叠片段与序列中在它下面的任何片段之间的交互部分。使用合成模式的层叠片段之上的片段不会受影响。

要对序列中的片段应用合成模式：

· 将两个层叠片段编辑到序列中后，选定时间线中最顶部的片段。

· 选取"修改">"合成模式"，然后选取合成模式。

· 将播放头放在这两个片段上以在画布中观看两个片段之间的交互部分。

要查看或更改片段的合成模式：

（1）按住 Control 键并点按时间线中的片段，然后从快捷菜单选取"合成模式"。

（2）如果要更改片段的合成模式，请从子菜单中选取一个新模式。

4.10.4　Final Cut Pro 的合成模式

在 Final Cut Pro 的合成模式可分为以下类型，下面做简单介绍：

1. 正常

"正常"是片段的默认合成模式。当片段使用"正常"合成模式时，仍可以通过使用其"不透明度"参数或 Alpha 通道调整其透明度。

2. 加法

"加法"强调每个交叠图像中的白色，减淡所有其他的交叠颜色。将每个交叠像素的颜色值加到一起。结果是所有交叠的中间范围颜色值都被减淡。任何图像中的黑色都变成透明，而任何图像中的白色将保留下来。

受加法合成模式影响的两个片段的顺序无关紧要。

3. 减法

减法使所有交叠颜色变暗。前景图像中的白色变暗，而背景图像中的白色反转前景图像中的交叠颜色值，产生底片效果。

前景图像中的黑色变成透明，而背景图像中的黑色予以保留。

交叠的中间范围颜色值根据背景图像的颜色变暗。在背景比前景亮的区域，背景图像变暗。在背景比前景暗的区域，颜色被反转。

受减法合成模式影响的两个片段的顺序非常重要。

4. 差分

差分合成模式与减法合成模式类似，它只是对可能被减法合成模式极度变暗的图像区域进行了不同的着色。

受差分合成模式影响的两个片段的顺序无关紧要。

5. 乘法

乘法合成模式强调每个交叠图像最暗的部分，但是将两幅图像的中间颜色值更加均匀地混合到了一起。交叠图像逐渐变亮的区域开始慢慢地变成透明，允许较暗的任一图像进行透视。任一图像中的白色允许交叠图像进行完全透视。两幅图像的黑色均保留在生成的图像中。

受乘法合成模式影响的两个片段的顺序无关紧要。

6. 网屏

"网屏"强调每个交叠图像最亮的部分，但是将两幅图像的中间颜色值更加均匀地混合到了一起。

任一图像中的黑色允许交叠图像进行完全透视。特定临界值下面的较暗中间值允许显示更多交叠图像。两幅图像的白色均透视在生成的图像中。

受网屏合成模式影响的两个片段的顺序无关紧要。

7. 叠层

前景图像中的白色和黑色变为半透明，并且与背景图像的颜色值进行交互，导致产生增强的对比度。而背景图像中的白色和黑色将替换前景图像中的交叠区域。

根据背景色值的亮度，交叠中间颜色值将以不同的方式混合到一起。较亮的背景中间值将通过网屏混合。较暗的背景中间值将通过乘法混合到一起。

可视的效果是背景图像中的较暗颜色值将加强前景图像中的交叠区域，而背景图像中的较亮颜色值将冲淡前景图像中的交叠区域。

受叠层合成模式影响的两个片段的顺序非常重要。

8. 强光

前景图像中的白色和黑色可以阻挡背景图像中的交叠区域。而背景图像中的白色和黑色将与前景图像中的交叠中间颜色值进行交互。

根据背景色值的亮度，交叠的中间颜色值将以不同的方式混合到一起。较亮的背景中间值将通过网屏混合。较暗的背景中间值将通过乘法混合到一起。

可视的效果是背景图像中的较暗颜色值将加强前景图像中的交叠区域，而背景图像中的较亮颜色值将冲淡前景图像中的交叠区域。

受强光合成模式影响的两个片段的顺序非常重要。

9. 柔光

柔光合成模式与重叠合成模式类似。前景图像中的白色和黑色变为半透明，但是与背景图像的颜色值进行交互。而背景图像中的白色和黑色将替换前景图像中的交叠区域。所有的交叠中间颜色值都将混合到一起，制作的着色效果比重叠合成模式制作的效果要更加均匀。

受柔光合成模式影响的两个片段的顺序非常重要。

10. 变暗

变暗合成模式强调每个交叠图像的最暗部分。任一图像中的白色允许交叠图像进行完全透视。较亮中间颜色值逐渐变为有利于交叠图像的半透明，而特定临界值下面的较暗中间颜色值保持固化，保留更多细节。

受变暗合成模式影响的两个片段的顺序无关紧要。

11. 增亮

增亮合成模式强调每幅交叠图像的最亮部分。由于对每幅图像中的每个像素进行了比较，并保留任一图像中的最亮像素，因此最终的图像是由一组抖动的出自每幅图像的最亮像素组合而成。两幅图像的白场均透视在生成的图像中。

12. 动态遮罩—Alpha

当将动态遮罩—Alpha 合成模式应用到选定的片段时，下面片段中的 alpha 通道将被应用于所选片段。使用此合成模式只需要两个片段，但在大多数情况下，将会使用三个层：

（1）前景（顶层）：该层出现在背景层的顶部，可以通过 alpha 通道查看。将动态遮罩—Alpha 合成模式应用到此层。

（2）Alpha 通道（中间层）：该层为前景层提供 alpha 通道（透明度信息）。

（3）背景（底层）：此可选层出现在所有前景图像被 alpha 通道掩盖的位置的下方。背景图像可以是单个层，也可以是融合透明度或合成模式的多个层。如果不存在背景层，画布将显示默认的 Final Cut Pro 背景色（棋盘、黑色、白色等），黑色在输出和导出期间显示。

13．动态遮罩—亮度

动态遮罩—亮度合成模式与动态遮罩—Alpha 合成模式的功能相同，但是其透明度从下列片段的亮度信息（而非 Alpha 通道）推导而得。亮度信息可以从 RGB 通道的灰度等值推导得出，或者直接从 YCbCr 视频情形下的亮度（Y）通道推导得出。白色等于 100%的透明，黑色等于 100% 的不透明（单一颜色）。

4.11　输出完成的影片

编辑完成影片后，用户有多个选择用于输出分享工作结果。

4.11.1　使用"共享"

"共享"功能是将作品发送给客户、朋友和其他观众的一种简单、快捷的方式，无需了解任何高深的转码技术、传输文件格式或 FTP 协议。在 Final Cut Pro 的"共享"窗口中，可以快速创建并传送 iPod、iPhone、Apple TV、MobileMe、DVD、Blu-ray 光盘和 YouTube 格式的输出媒体文件（无需打开任何其他应用程序）。只需从"文件"菜单中选取"共享"，并选择想要的回放设备或平台，然后点按"导出"。

"共享"支持以下输出媒体类型以及相关的后续处理操作：

Apple TV：创建适合在 Apple TV 上观看的视频文件，并将文件自动添加到 iTunes 资料库。

Blu-ray：创建 BD H.264 视频和 Dolby Digital Professional（.ac3）音频文件，并将其自动刻录到 Blu-ray 光盘。

DVD：创建 MPEG-2（.m2v）视频和 Dolby Digital Professional（m2v）音频文件，并将其自动刻录到标准清晰度的 DVD 光盘。

iPhone：创建适用于 iPhone 回放的输出媒体文件，并将文件自动添加到 iTunes 资料库。

iPod：创建适用于 iPod 回放的输出媒体文件，并将文件自动添加到 iTunes 资料库。

YouTube：创建适合在 YouTube 上观看的视频文件，并将文件自动上传到 YouTube 帐户。（YouTube 为全球最大视频分享网站，现已被中国政府屏蔽）

Apple ProRes 422：创建采用 Apple ProRes 422 编解码器的 QuickTime 影片，并使用另一种应用程序（如 QuickTime Player）自动打开此影片。此影片适合在 Final Cut Pro 和其他应用程序中进行进一步编辑。

带 Alpha 的 Apple ProRes：创建采用 Apple ProRes 4444 编解码器且带有嵌入式 Alpha 通道的 QuickTime 影片，并使用另一种应用程序（如 QuickTime Player）自动打开此影片。此影片适合在 Final Cut Pro 和其他应用程序中进行进一步编辑，尤其适合在需要 Alpha 通道的工作流程中进行编辑。

QuickTime H.264：创建采用了设定为高质量、原始帧大小以及低数据速率的 H.264 编解码器的 QuickTime 影片，并使用另一种应用程序（如 QuickTime Player）自动打开此影片。此影片适合在台式电脑上回放。

Compressor 设置：基于 Compressor 提供的设置列表中的任何（预置）设置创建输出媒体文件，并在合适的媒体播放器应用程序中自动将其打开。

通过"共享"导出时，也可以进行以下操作：

在 Batch Monitor 应用程序中查看或调整任何"共享"导出会话的状态。

在 Compressor 中打开"共享"导出会话以使用该应用程序的高级转码功能。

4.11.2　导出 QuickTime 影片

可以使用任何可获取的系列预置将序列导出到 QuickTime 影片。标记也可以包含在其中，用于其他应用程序，例如 DVD Studio Pro 和 Soundtrack Pro。

1. 关于导出 QuickTime 影片命令

通过 Final Cut Pro，可以将序列或片段导出为 QuickTime 影片文件（使用"导出 QuickTime 影片"命令）。此命令的独特性表现在以下几个方面：

（1）它允许从已安装的序列预置中选取视频和音频设置，这与"导出（使用 QuickTime 转换）"命令中可使用大量的选项不同。

（2）可以快速导出 QuickTime 参考影片文件，而不是自包含媒体文件，这将大大降低导出文件的大小。

（3）如果选定片段或序列的序列设置与导出设置相匹配，则可以选取在导出过程中不再压缩任何媒体。这可以避免由于再压缩而带来的生成损失，并且使导出过程更快。

2. 选取要导出的 QuickTime 影片的类型

可以使用"导出 QuickTime 影片"命令创建两种类型的 QuickTime 影片：自包含影片或参考影片。

（1）自包含影片：自包含影片包含视频和音频媒体—用于创建影片的所有数据都位于单个文件中。可将这样单个的文件安全和方便地拷贝到其他电脑，不必担心需要其他文件来回放它。

（2）参考影片：参考影片是一种很小的文件，包含指向序列中使用的所有已采集片段的指针或引用。实际媒体位于原始媒体文件中。如果在创建参考影片之前，渲染了转场和效果，也将会有指向渲染文件的指针。否则，所有转场和效果将会使用当前的压缩级别进行渲染，然后将其嵌入生成的参考影片中，这样会增加其大小。全部音频轨道、混合音量、交叉渐变和滤音器均被渲染，并且生成的立体声或单声道音频轨道将被嵌入参考影片中。

由于不必等待已编辑序列的每一帧完成复制，因此导出参考影片可以节省时间。由于指向其他文件的指针需要的空间很小，因此它还节省硬盘空间。当输出序列以使用第三方压缩实用工具进行压缩时，参考影片特别有用。

然而，作为将视频文件传送到其他人的手段，参考影片并没有多大用处。如果给某人提供一个参考影片，还必须提供与该影片相关联的原始视频文件，这可能会很复杂，因为可能不知道所有参考媒体储存在磁盘上的位置。

通常，导出参考影片会增加影片无法回放的风险。如果要短期使用导出的影片文件，并且只计划在将其导出到的系统上使用，最好使用参考影片。

3．要从一个序列导出 QuickTime 影片

（1）在浏览器中选择一个序列，或者在时间线中打开一个序列。

（2）选取"序列"＞"预置"，则会出现"序列设置"窗口。

（3）点按"渲染控制"标签并选择正确的渲染选项以获得想要的输出质量。有关这些设置的更多信息，请参阅"渲染控制标签"。

（4）点按"好"以应用对序列设置所作的更改。

（5）在时间线中，执行以下一项操作：

• 设置入点和出点以确定要导出的序列的部分。

• 清除入点和出点以导出整个序列。

（6）选取"文件"＞"导出"＞"QuickTime 影片"。

（7）选取一个位置，然后输入文件名称。

（8）从"设置"弹出式菜单中选取要使用的格式。此处显示的设置来自内建预置。

• 当前设置：此选项将使用选定的项的当前序列或片段设置进行导出。

• 其他序列预置：选取一个新的序列预置，从而将片段或序列再压缩到另一种格式或编解码器。例如，可能想要将 DV 序列导出到一个未压缩的编解码器，以进行在线编辑。

• 自定：选取此选项，可以使用"序列预置编辑器"窗口选取自定导出设置。

（9）从"包含"弹出式菜单中选取"音频和视频"、"仅音频"或"仅视频"。

（10）从"标记"弹出式菜单选取要导出的标记。

（11）要导出 QuickTime 影片，使其中全部视频、音频和渲染媒体均自包含在一个文件中，请选择"使影片自包含"注记格。

不选择此注记格则会导出参考影片，它是较小的影片，包括指向位于其他位置的音频和渲染文件的指针。

（12）要再压缩片段或序列的每一帧，请选择"再压缩所有帧"注记格。

备注：仅在选定了"使影片自包含"注记格时，此选项才可用。

（13）当准备好导出时，点按"存储"。

（14）要取消导出，请按下 Esc 键或点按"取消"。

4.11.3　导出（使用 QuickTime 转换）

需要导出视频、音频或静止图像文件以用于其他应用程序时，可以使用"导出（使用 QuickTime 转换）"命令来导出 QuickTime 所支持的文件格式。

与 QuickTime 兼容的文件可以是 QuickTime 所支持的任何类型的媒体文件，例如 AIFF 或 WAVE 音频文件、图形文件或 TIFF 或 JPEG 等静止图像序列、AVI 或 MPEG-4 影片文件，甚或 QuickTime 影片文件。

1．要查看"导出（使用 QuickTime 转换）"命令中可用的设置

（1）选择一个片段或序列，或者在时间线中打开一个序列。

（2）选取"文件"＞"导出"＞"使用 QuickTime 变换"。

（3）在出现的对话框中点按"选项"。

则"影片设置"对话框会出现，并带有视频、声音和 Internet 流选项以用于导出的

QuickTime 影片。

2. 可以为已导出的 QuickTime 影片的视频轨道选取以下设置

（1）设置：点按此选项可调节用于导出视频轨道的压缩。

（2）滤镜：点按此选项可添加并调节附加视频滤镜。

（3）大小：点按此选项可设置影片的大小。

3. 在"影片设置"对话框的"视频"区域中点按"设置"后，"标准视频压缩设置"对话框会出现

根据从"压缩"类型弹出式菜单中选取的编解码器，有以下多种选项可用：

（1）"标准视频压缩设置"对话框

压缩类型：从该弹出式菜单中选择一个编解码器，用于压缩视频。可使用安装在系统上的全部标准 QuickTime、Final Cut Pro 和第三方视频编解码器。

（2）"运动"区域的选项，"运动"区域包含以下选项：

• 帧速率：定义已导出影片的帧速率。此速率应始终与要导出的片段或序列的帧速率一致。如果要在尽量减少暂时失真的前提下将已导出的片段或序列转换为其他帧速率，则尝试使用 Compressor 而不是"导出（使用 QuickTime 转换）"命令。

• 关键帧：如果所选的编解码器使用时间压缩，就可以使用关键帧。相近的大多数视频帧均具有较高的视觉冗余百分比。压缩关键帧可通过只按固定间隔或突然发生视觉转移时存储完整图像来降低数据速率。其他帧仅储存其与关键帧之间的变化（或称为增量）信息。增加关键帧之间的帧数会增加压缩量，使最后文件大小更小。

（3）"数据速率"区域的选项，"数据速率"区域包含以下选项：

• 自动：选定的编解码器可自动调整 QuickTime 视频的数据速率。

• 限制为 N kb/s：此选项可用时，可以使用此栏位设定传送媒体文件所需的每秒千字节数（KB/s）。如果具有特定的位速率（例如 DSL 连接）或空间大小（即 DVD 或 CD ROM 上的空间大小），此设置将很有用。应该选取适合于传送介质的数据速率，并尽可能将其设定在数据限制所允许的最高范围内。当设定数据速率时，会将其他编解码器质量设置覆盖，因为编解码器会根据其数据速率限制按所需尽可能压缩文件。请记住，数据速率仅用于媒体文件的视频轨道。如果媒体文件还包含音频，则必须为其留一些空间。

（4）"压缩程序"区域的选项，可以在"压缩程序"区域中更改以下选项：

深度：选取一个颜色深度。有一些编解码器可用于在颜色或灰度之间进行选择，而其他编解码器用于指定颜色数（对应于位长），例如 4、16、256 或千万种颜色（分别是 2、4 和 24 位）。也可以通过选取"千万种以上颜色"来为一些编解码器指定 Alpha 通道。

质量：调整滑块以获得需要的空间压缩级别。一些编解码器不允许指定此设置。

根据选取的编解码器，或许可以使用其他选项，例如扫描模式（隔行与逐行）和宽高比。也可能会有一个"选项"按钮，可以点按以设置其他具体编解码器选项。

4. 导出大小设置

在"影片设置"对话框的"视频"区域中的点按"大小"后，"导出大小设置"对话框会出现。

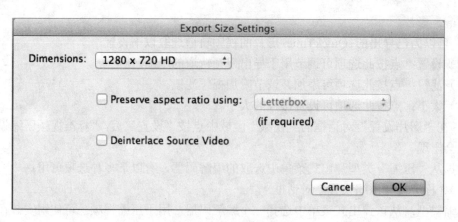

图 4-85　导出大小设置

（1）尺寸：此弹出式菜单允许定义已导出 QuickTime 影片的纯影片光圈大小。还可能出现"宽度"和"高度"栏，这取决于选取的选项。

（2）保留宽高比：选中"保留宽高比方式"注记格时，会通过选取三个选项之一来保留源影片的宽高比。

第五章　高级数字合成软件 Shake

　　Shake 主要是针对电影、HDTV 进行后期制作的一种基于节点的数字合成工具。它是目前世界上最先进的视频特效合成软件之一，许多荣获奥斯卡奖的影片都运用 Shake 来获得最佳视觉效果，如《指环王》、《冰河世纪》、《X 战警》、《珍珠港》和《泰坦尼克号》等影片。

　　Shake 为影视专业人员提供了高品质后期制作的解决方案，它不仅支持大多数行业标准的图像格式，并且可以容纳高分辨率、高位元深度的图像序列以及 QuickTime 文件。

　　Shake 使用的是基于树形合成模式的高级工作流程。它非常灵活，使用户可以在任何时间获取合成作品的任意部分。并且可使用户在合成的过程中对任一节点进行修改。

　　Shake 具有先进的功能特性和独特的效果处理。如它先进的键控性能，内置的抠像插件 Keylight 和 Primatte，使用它们可以更快地处理大范围的蓝屏、绿屏。此外，Shake 包括一套完善的工具，比如画面分层、轨迹跟进、蚀刻滚印效果、绘画、色彩校正和新的影片纹理图案模拟等。同时为了扩展其灵活性，Shake 支持第三方插件，如 The Foundry、GenArts 等。

　　本章我们将向大家介绍 Shake 的安装和用户界面，让大家了解使用 Shake 制作项目的工作流程，从而了解基于节点的创作思路。最后通过简单的实例，让大家熟悉并亲手制作 Shake 项目。

5.1　安装 Shake

1. 系统需求

在安装 Shake 软件之前，请检查并确认计算机与系统满足下列需求：

（1）1GHz 或更快的 PowerPC G4、PowerPC G5、或 Intel Core 处理器

（2）Mac OS X 10.2.5 或更新版本；

（3）QuickTime 7 或更新版本；

（4）512MB 或更多内存；

（5）1GB 可用硬盘空间用于磁盘缓存和临时文件的存储；

（6）三键鼠标；

（7）32MB 显存的 AGP 或 PCI Express 显卡和 OpenGL 硬件加速器；

（8）具有 1280×1024 像素分辨率和 24 bit 真彩色的显示器。

2．安装 Shake

首先准备好 Shake 安装软件的备份或 DVD 安装盘。在装有 Mac OS 10.X 系统的苹果计算机上，请按照下列步骤安装 Shake。

• 将安装光盘插入 DVD 驱动器；

• 转到 shake 文件所在目录下；

• 双击 Shake 4 卷图标，这时 Install Shake 4 图标出现在 Shake 4 窗口中；

• 双击 Shake 4 图标，出现 Install Shake 与 Authenticate 窗口；

• 选择安装目录。默认情况下，Shake 安装在 Applications 目录下。用户可以根据需要选择其他目录；

• 在 Installation Type 对话框中，请选择下列选项之一：Upgrate（简易安装，该选择仅安装 Shake 和用户手册）和 Customize（其中提供 3 种选择：安装 Shake 与用户手册；仅安装辅导图像，或者安装 Shake 与带辅导图像的手册）。

5.2　Shake 用户界面

Shake 是一个基于节点的工作环境，它主要通过节点编辑来完成工作。在 Shake 中，每一个功能都是通过独立的节点实现。也就是说，每一个节点提供一个特定的功能，例如色彩校正、模糊、文件导入、文件导出等。基于节点的工作环境有别于菜单型的环境。例如在菜单型软件中为一张图增加模糊效果，那么只要选中该图，然后选择菜单中"模糊"选项即可。而在 Shake 中，若使用模糊效果，只要在节点树的相应位置增加一个"模糊"节点即可。

打开 Shake 进入其工作环境，其界面如图 5-1 所示。

在默认情况下，Shake 的用户界面主要包括 5 个部分：

• 视图查看器（Viewer）。

• 节点（Node）工作区。

• 工具（Tool）选项卡。

• 参数（Parameters）设置工作区。

• 时间条（位于底部）。

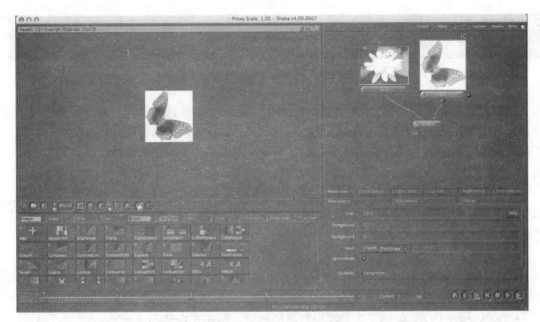

图 5-1　Shake 界面

5.2.1　视图查看器（Viewer）

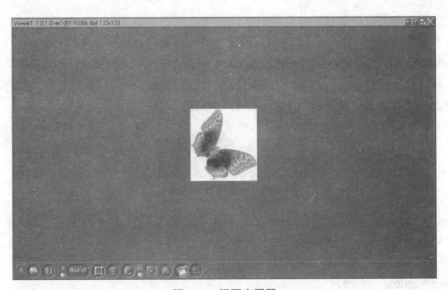

图 6-2　视图查看器

　　视图查看器（Viewer）工作区可以根据需要创建一个或多个浮动 Viewer 窗口，用户在创建项目过程中可以实时查看节点树中节点的视图信息。

　　此外，在视图查看器中提供了一些常规的窗口工具。例如：用户可以查看图像的特定通道，即分别查看红色、蓝色和绿色通道，在调整键值时仅查看 Alpha 通道。视图查看器的工具如图 5-3 所示，它们的功能及使用方法如下：

图 5-3 视图查看器的工具

• 比较缓冲器：用户可以使用 Viewer 的两个缓存 A 和 B 同时加载两幅图像并进行比较。方法如下：首先打开 A 标签，分别使用 FileIn 节点导入两幅图像；点击其中一节点左侧将图像加载到 A 缓存中，切换到 B 标签后，点击第二个节点右侧将第二副图像加载到 B 缓存。

• 通道查看器：右键点击该按钮，在出现的下拉菜单中选择一个颜色通道即可单独显示某通道信息。用户也可以按 R、G、B 键或 A 键分别查看视图的 R、G、B 通道或 Alpha 通道。

• 更新模式：是指加入滤镜后是否显示更新。

• 接下来三个类似的控制按钮。主要用于提高效率，但不会影响输出图像。如果必要，可以把这些设置运用到渲染。

• The Viewer DOD 限制了查看器中的渲染区域，但不影响输出。

• 比较模式：按住该按钮并按住鼠标左键，会看到比较滑块弹出列表。用户可以选择三种模式：普通、水平、垂直和淡变比较模式。用鼠标拖拽查看器右下角的灰色 C 比较滑块，创建一个垂直分割画面。向上拖动 C 比较滑块，可以创建一个水平分割画面。

• 使图像显示大小适应查看器。

• 将查看器缩放和全景显示复位成默认值。将查看器中画面居中并将缩放比例设置成1:1。

• 广播监视器：选中该按钮时，Broadcast Monitor 将镜像选定节点。

Viewer 窗口标题栏上显示节点的所有信息，包括节点名字、通道、位深、大小等。标题栏右侧的按钮（如图 5-4 所示）主要用于查看器窗口的控制。

图 5-4 标题栏右侧按钮

• Iconify Viewer：展开或折叠节点；
• Fit Viewer to Image：使查看器适应图像；
• Grip to Desktop：使查看器适应桌面；
• Close window：关闭窗口。

5.2.2 节点（Node）工作区

节点（Node）工作区是 Shake 的核心，主要用于编辑和查看节点树，如图 5-5 所示。节点与节点之间用连线连接起来，被称之为线条。一个节点的输出点通常连接到另一个节点的输入点，代表了一个节点到另一个节点的图像数据流程。这样，图像数据通过自上而下一个个节点传递下去，直到最后图像的效果被一点一点修改成功为止。

那么，不同功能的节点之间通过连线连接起来，按照一定的工序组合成节点树。因此，节点工作区便于用户修改、选择、查看、浏览和组织合成节点树。

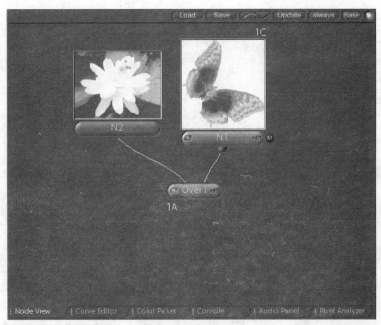

图 5-5　Node 工作区

节点工作区除了默认的节点查看器选项卡外，还包括曲线编辑器（Curve Edit）、颜色拾取器（Color Picker）、控制台（Console）、音频面板（Audio Panel）和像素分析器（Pixel Analyzer）选项卡。

此外，位于 Shake 界面右上角的按钮如图 5-6 所示。

图 5-6　脚本控制按钮

• Load 和 Save 按钮：加载和存储 Shake 脚本，点击 Command+S 或者 Control+S 可快速保存脚本。

• Undo 和 Redo 按钮：撤销和重复操作，左箭头按钮执行撤销功能，右箭头按钮执行重复功能。用户按 Command＋Z 键或者 Control＋Z 键撤销上一次操作，按 Command＋Y 或者 Control＋Y 重复上一次撤销。默认情况下，shake 可以撤销或重复 100 次操作。

• Update 按钮：它有三个模式：always、manual 和 release。单击 always 按钮会出现菜单，用户可以进行选择。

• Always：任何参数变化或者在时间条上移动播放头时都更新 Viewer 查看器。

• Manual：只有在用户点击左边的 Update 按钮后才进行更新。

• Release：直到完成参数调整后，松开鼠标后才更新。

• Base 按钮，实际为 proxy 工具，方便用户快速使用四个代理设置。用户用来替换高分辨率图像以便加快工作速度的低分辨率副本。

1．曲线编辑器（Curve Edit）

打开曲线编辑器（Curve Edit）选项卡，界面如图5-7所示。

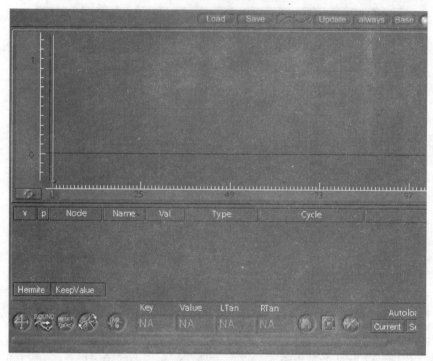

图 5-7　曲线编辑器（Curve Edit）

用户可以使用曲线编辑器查看、创建和修改动画的曲线以及音频波形，还可以查看对应曲线的相关参数。此外，可以创建、查看和修改关键帧。用户除了可以增加和编辑曲线的控制点，还可以改变曲线的类型和曲线的周期模式。

用户除了可以在这里（节点视图工作区）访问曲线编辑器，也可以通过工具（Tool）工作区访问曲线编辑器。

2．颜色拾取器（Color Picker）

选择颜色拾取器（Color Picker）选项卡，界面如图5-8所示，它包括色轮、亮度条和调色板。用户通过单击色轮和亮度条，或者在调色板中选择合适的颜色即可将指定的颜色运用到节点颜色参数。为了方便用户，即可以使用多种色彩模型，也可以将经常使用的颜色存储在调色板中以方便以后使用。

3．控制台（Console）

控制台主要用于显示操作过程中 Shake 发送给操作系统的数据。界面如图5-9所示。窗口上面的两个控制按钮分别用来改变文本的颜色，以及擦除当前控制台的内容。控制台上显示的最大文本宽度是通过 Global 选项卡中 console Line Length 参数设置的。

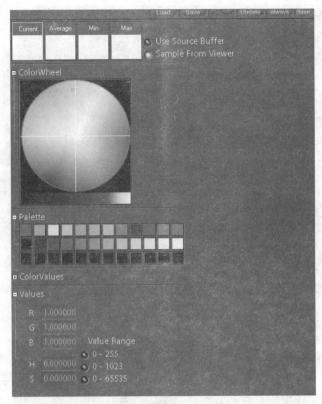

图 5-8 颜色拾取器（Color Picker）

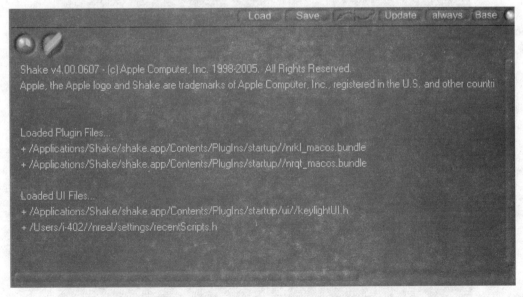

图 5-9 控制台（Console）

4. 音频面板（Audio Panel）

选择音频面板（Audion Panel）选项卡，界面如图 5-10 所示。它主要用来导入 AIFF 和 WAV 文件，为合成所用。用户可以根据声音频率提取动画曲线，处理声音的定时。

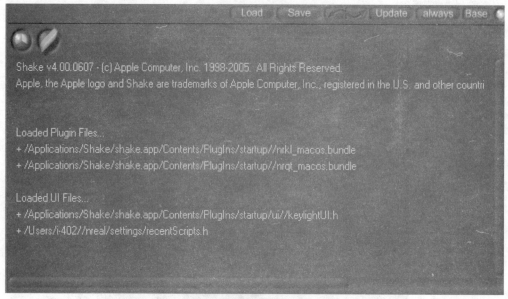

图 5-10　音频面板（Audion Panel）

5．像素分析器（Pixel Analyzer）

打开像素分析器如图 5-11 所示。像素分析器用来查找和比较不同图像颜色值的分析工具。用户可以检查一个选定区域或整个图像内的最小、平均、当前或最大像素值。像素分析器与颜色拾取器采样颜色有些类似，在 Viewer 中的图像上移动指针时，像素分析器中的值也在更新。

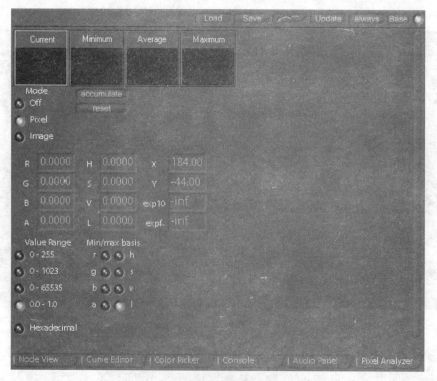

图 5-11　像素分析器（Pixel Analyzer）

5.2.3　工具（Tool）工作区

工具（Tool）选项卡提供了各种功能的节点，且每个节点都可以通过它的的参数进行调整。由于节点的种类很多，为了方便用户使用，按照功能将其分类放在不同的选项卡内。

图 5-12　工具（Tool）选项卡工作区

工具选项卡主要包括下面几大类：
- Image（图像）：这些节点的用途最广泛，如背景、遮罩、文件导入导出等。
- Color（颜色）：提供调色的工具，主要用于素材的色彩调整和校正。
- Filter（滤镜）：与 Photoshop 的滤镜有些类似。可用于简单的图像处理，还提供了多种修改 Alpha 通道的方式等功能。
- Key（键）：主要用于抠像，其中包含了两个世界顶尖的专业抠像插件 PRIMATTE、Keylight 。
- Layer（图层）：包括各种各样的合成节点，类似于 Photoshop 中图层的叠加模式。
- Transform（变换）：提供了变换功能，其中包含变形、镜像、移动、斜切、稳定、跟踪、运动匹配等等。
- Warp（变形）：用于实现扭曲变形效果。
- Other（其他）：包括一些无法分类的节点，如制作影子等。
- Node View（节点视图）：与界面右上角的 Node 工作区一样。
- Time View（时间视图）：用于调整素材的时间长度。

5.2.4　参数（Parameters）工作区

参数工作区主要用于设置节点的参数，如图 5-13 所示。它主要包括 Parameters1、Parameters2 和一个全局参数（Globals）选项卡。在节点查看器中选择某节点，然后单击该节点右边就会将该节点的所有属性显示在参数工作区，用户可以根据需要设置节点的相应参数值。

全局参数（Globals）选项卡主要设置 Shake 全局属性，这些属性将会影响整个脚本的效果。例如，使用的代理等。

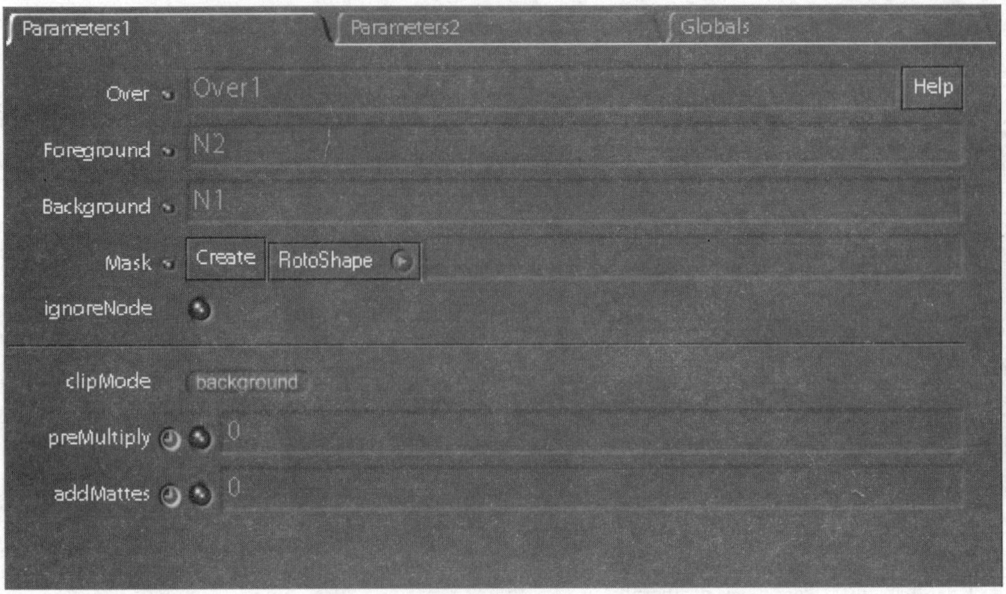

图 5-13　参数（Parameters）工作区

5.2.5　时间条

　　除了上述的 Shake 四个主要工作区之外，还有一个位于 Shake 界面底部的时间条区域，如图 5-14 所示。它主要用于显示目前指定素材的时间长度。时间条右面的三个域分别显示总帧数、当前播放头所在的位置和播放头播放的速度，在它们右面是查看器播放控制面板。

图 5-14　时间条

5.2.6　Shake 工作区窗口的调整

　　对于 Shake 界面，有几种方法可以调整和定制其四个工作区的大小。

1. 用户可以根据需要用鼠标拖动工作区之间的分割线从而调整四个工作区的大小。
2. 每个工作区可使用空格键切换到全屏。再次按空格键可以切换回原来尺寸。
3. 若要暂时隐藏某个工作区，执行下列操作之一：

- 拖拽工具选项卡或参数选项卡工作区的顶端边线至底部；
- 拖拽查看器或节点工作区的低端边线至顶部。

5.3　Shake 菜单栏（仅 Mac OS X）

　　Shake 菜单位于屏幕的左上区域，其中包括一些常规菜单的常用命令项，这里不再赘述。下面将着重介绍重要的 Shake 命令项。

1. Shake 菜单项

表 5-1　Shake 菜单项

菜单项	说明
About Shake	显示 Shake 的版本号和版权信息。
Services	提供了执行某些任务的快捷方式。
Hide Shake	隐藏 Shake，点按 Dock 中的 Shake 图标再次显示。
Hide Others	隐藏除了 Shake 以外的所有正在运行的应用程序。选择 Shake>Show All 即可再显示。
Quit Shake	退出 Shake。

2．File 菜单项

表 5-2　File 菜单项

菜单项	说明
Import Photoshop File	导入 Photoshop 文件，若 Photoshop 文件有多个图层，可以将每个图层作为单独的 FileIn 节点（即可是 MultiLayer 节点的输入，也可以作为普通的 FileIn 节点使用）。
Add script	打开加载脚本窗口。在节点视窗中增加第二组节点。
Save selection as script	将节点视窗中当前所选节点作为一个独立的脚本进行存储。
Recover script	加载最后一次自动存储的脚本。当用户忘记保存脚本或者 Shake 意外退出，Shake 会自动将脚本保存在～/HOME/nreal/autoSave 目录下（HOME 是用户主目录）。
Load interface setteings	打开界面设置窗口。
Save interface setteings	打开储存偏好设置窗口（将存储 Shake 设置和窗口布局）。
Flush Cache	若选择刷新缓存，则将高速缓存中所有图像复制到磁盘缓存（取决于缓存模式的参数设置），但内存的高速缓存不清除。这个命令类似于 Shake 退出时所做的工作。
Purge Memory Cache	类似于 Flush cache 命令，但该命令执行后会清除高速缓存。

3．菜单项

表 5-3　Edit 菜单项

菜单项	说明
Find Nodes	用户可以动态选择与 Search string 匹配的节点。

4．Tools 菜单项

Tools 中的菜单项和工具选项卡中的节点分类是一致的，包括 Image、Color、Filter、Key、Layer、Transform、Warp 和 Other。

5．Viewers 菜单项

表 5-4　Viewers 菜单项

菜单项	说明
New Viewer	在视图查看区新创建一个查看器，并自动延伸填补查看区。
Spawn Viewer Desktop	推出一个浮动查看器，可以在界面上移动，为双监视器所用。

6. Render 菜单项

表 5-5　Render 菜单项

菜单项	说明
Render FlipBook	渲染当前查看器中的 Flipbook。
Render Disk FlipBook	将基于磁盘的 Flipbook 加载到 QuickTime。
Render FileOut Nodes	渲染 FileOut 节点
Render Cache Nodes	渲染 Cache 节点。为节点树中 Cache 节点立即缓存
Render Proxies	渲染代理。为 FileIn 节点渲染代理文件。

7. Help 菜单项

表 5-6　Help 菜单项

菜单项	说明
Shake User Manual	打开 Shake 用户手册。
Late-Breaking News	有关 Shake 的最新消息。
New Features Shake	Shake 的新特性。
Tutorials	教程。
Customizing Shake	如何定制 Shake 的帮助。
Node Reference Guide	节点参考指南。
Shake Support	Shake 支持。

5.4　Shake 工作流程

Shake 使用一种直觉化的，基于树形的合成模式。这种灵活的，非线性工作流程可以让用户在合成过程的任一点上进行修改。

Shake 工作流程：

• 导入文件（图像或镜头序列）。
• 选择工具节点按照一定的工序组成节点树。
• 调整各节点参数。
• 通过 FileOut 节点渲染输出。

5.4.1　导入文件

打开文件浏览器，如图 5-14 所示。它和标准的文件导航对话框有很多不同之处。

文件浏览器是一个互动浏览器。用户通过它可以浏览本地卷宗（包括移动媒体）或网络卷宗。也可以用它打开或保存脚本，通过 FileIn 节点加载或保存图像。

下面几种方法可以打开文件浏览器：

• 创建一个 FileIn 或者 FileOut 节点；

• 点击 Shake 界面右上角的 Load 按钮；

• 点击 Shake 界面右上角的 Save 按钮。

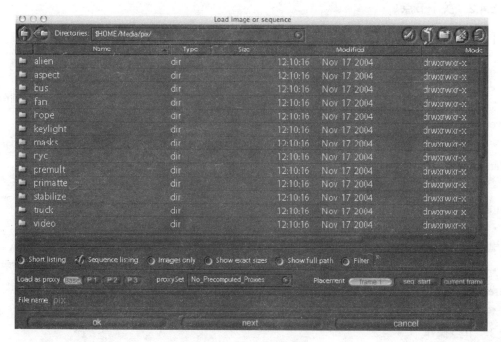

图 5-14　文件浏览器

文件浏览器上相关按钮功能如表 5-7：

表 5-7　文件浏览器上各按钮功能说明

按钮	功能
	回到上一级目录（按 Delete 键）
	退回到前一个访问过的目录
	将目前打开的目录添加到收藏夹列表
	在当前目录下创建一个新目录
	删除文件或目录
	刷新目录列表

此外，可以设置文件夹或文件的显示形式。如列表形式、序列方式（可以以单帧或整

个序列导入）、可以只显示单帧图片、显示实际占用硬盘空间的大小、显示整个文件夹的完整路径。或者以过滤方式显示文件名中含有某个字符的文件。

Next 按钮：可以在调入某素材后接着调入其他素材。

5.4.2 关于节点

1. 关于节点

• 功能不同的节点颜色也不同（芥末黄、灰色、绿色为选中）。但显示红色的节点表示出现了问题。

• 点击节点左侧部位，将节点加载到 Viewer 查看器中显示。这时会看见节点左侧的 Viewer 指示灯。

• 点击节点右侧部位，将节点的参数显示在 Parameters 工作区。这时会看见节点右侧的 Parameters 指示灯。

• 双击节点，即可将节点加载到 Viewer 查看器中显示，又可以将节点的参数显示在 Parameters 工作区。

• 当节点加载到 Viewer 时，Viewer 指示灯下面会出现一个数字和字母组合，如 1A、1B 字样，它表示节点所分配的比较缓存。例如 1A 表示该节点显示在 Viewer1，BufferA 。

• 若希望隐藏一个节点，首先选中该节点，然后按 I 键或者在 Parameters 中点击 Ignorenode 附近的指示灯。这时节点上会出现红色斜线，即表示它的效果被取消。再点击即可恢复。

2. 节点操作

（1）向节点树中添加节点

若在两个节点之间插入节点，首先选中父节点，然后在 Tool 选项卡中单击新节点。例如，要在节点树中添加 Keylight 节点，首先在节点树中选择插入位置的父节点，然后选择 Key 选项卡，单击 Keylight 节点，Keylight 节点就会出现在节点树中。

（2）一个输入，多个输出

单输入结的节点只能接入一条线。对于多输入结的节点来说，每个输入结也仅仅只能接入一条连线。如果用户在已经有连接线的节点上进行连接，那么前一个连接会自动断掉，用新的连接线取而代之。但是，可以从节点的输出结拉出多条连接线。如图 5-15 所示。

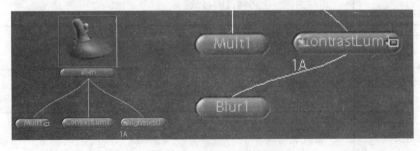

图 5-15 单输入，多输出

（3）删除节点连线

将鼠标指针放在将要删除的连线上，如果指针放在连线的下半部分，下部分连线会变成红色，若指针放在连线上部分，它会变成黄色，然后按 Delete 键，或右键菜单中

Edit>Delete 。

（4）抽出节点

选中节点，按 E 键或从右键菜单中选择 Extract Selected Nodes 。或者单击节点，按住鼠标，快速左右晃动，即可将此节点从节点树中甩掉。

（5）忽略节点

使用 Ignore 命令可以使节点树中节点可以在不删除的情况下失效。被忽略的节点对脚本不会产生任何效果，并且也不会被渲染。这样做有两个好处，一是用户一旦改变想法，可以对忽略的节点恢复有效。二是用户可以及时查看合成过程节点的效果。

选择将要忽略的节点，按 I 键。或者在 Parameters 工作区中，点按 IgnoreNode 参数。这时被忽略的节点上会出现一个红色斜线。按 I 键即可将节点恢复有效。

5.5　工具（Tools）节点

5.5.1　Image 选项卡

Image 选项卡中包括多个滤镜，主要用于创建素材或导入素材。如图 5-16 所示。

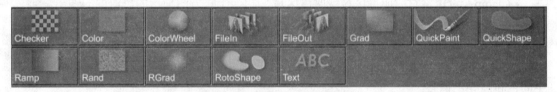

图 5-16　Image 选项卡

- Checker：创建网格。在参数区域可设置网格的长和宽、颜色位深。
- Color：创建纯色色板。可设置色板的宽高、颜色、alpha 通道和通道深度等。
- ColorWheel：创建一个原色的色轮，一般用于色彩校正。
- FileIn：导入文件，是 Shake 主要的素材输入节点。
- FileOut：文件的输出，是 Shake 主要的输出结点。选择输出文件格式以及输出路径。
- Grad：创建 4 角过渡渐变。（左上、右上、左下和右下 4 个角的色渐变）
- QuickPaint：创建画笔并绘制素材。创建画笔节点后，视图查看器工作区域会增加很多工具，结合这些工具可以使用 Paint、Smudge、Clone 和 Eraser 笔触绘制素材。
- QuickShape：创建形状工具，用于制作集合图形，例如绘制蒙板等。
- Ramp：创建黑白线型渐变素材。通过参数可以调整中心点位置、方向和渐变颜色等。
- Rand：创建一个随机的杂点闪动片段。通过参数可以调整片段的尺寸、位深、随机杂点的大小、密度、杂点闪动速度等。
- RGrad：创建放射型渐变。可以调整放射渐变的中心、颜色、边缘虚化程度等。
- RotoShape：创建不规则的羽化形状。例如可用于为图层创建蒙板。
- Text：添加文字。

5.5.2　Color 选项卡

Color 选项卡中的滤镜主要用于调色或色彩校正。如图 5-17 所示。

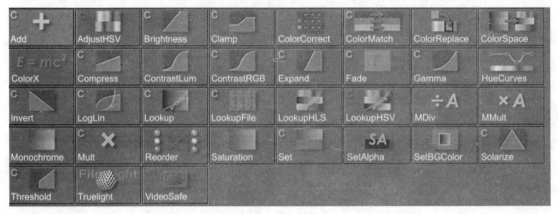

图 5-17　Color 选项卡

- Add：为素材添加颜色。
- AdjustHSV：使用 HSV 色彩模式为素材调色。
- Brightness：调整素材的明暗度。
- Clamp：设定素材的明度区域或暗度区域，相当于直方图使用的黑白度的输出。
- ColorCorrect：功能强大的色彩校正节点。它是多个工具的整合，使用该节点可以实现 Add、Gain、Gamma 和 Contrast 调整。
- ColorMatch：色彩匹配。将素材颜色分为暗色、中间色和高亮色，可分别对暗色、中间色和高亮色调整。
- ColorReplace：色彩替换。将某一种颜色替换成另一种颜色，其他颜色区域不会受到影响。
- ColorSpace：色彩模式转换节点。它提供各种色彩模式之间的转换。比如 CMYK 转换为 RGB，HLS 转换为 RGB 等。
- ColorX：使用表达式对 RGB 和 Alpha 色彩通道进行调整。
- Compress：压缩色彩的范围。用于快速调整暗色和高亮色。
- ContrastLum：调整素材的亮度对比度。
- ContrastRGB：和 ContrastLum 类似，用于调整 R、G、B 通道和 A 通道的对比度。
- Expand：延伸色彩。Expand 节点是以 X 轴为参考来增加每一通道黑与白的总值，即增加最高和最低色彩的范围。
- Fade：调整透明度。
- Gamma：调整 Gamma 值。
- HueCurves：基于色相改变像素的颜色或者饱和度。
- Invert：对 RGBA 一个或多个通道进行色彩反转，即调整为负片效果。
- LogLin：使用对数色彩模式的转换。
- Lookup：通过表达式对图像色彩通道 RGB 进行曲线调整。
- LookupFile：导入 Lookup 格式文件进行颜色控制。

- LookupHLS：通过表达式对图像色彩通道 HLS 进行曲线调整。
- LookupHSV：通过表达式对图像色彩通道 HSV 进行曲线调整。
- MDiv：对图像的 alpha 通道进行预除，然后再通过 Mmult 将 alpha 乘回来。一般与 Mmult 节点配合使用，应用在色彩调色时，去除图片边缘的噪点。
- MMult：对图像的 alpha 通道进行预乘，然后再通过 MDiv 将 alpha 除回去。一般与 MDiv 节点配合使用，应用在色彩调色时，去除图片边缘的噪点。
- Monochrome：将 RGB 素材转换成黑白图。
- Mult：对图像的 RGBAZ 通道进行预乘。
- Reorder：交换 RGBA 通道。
- Saturation：调整饱和度。
- Set：通过参数面板输入数值将 RGBA 中的一个或几个通道颜色设置为黑白色。
- SetAlpha：通过参数面板输入数值将 Alpha 通道设置成黑白色。
- SetBGColor：用于 DOD 节点背景颜色的设置。
- Solarize：曝光效果。
- Threshold：阈值。
- Truelight：显示器校准，在 LCD 和 CRT 显示器上预览制作的胶片图像效果。
- VideoSafe：防止色彩超出 NTSC、PAL 的色彩范围。

5.5.3　Filter 选项卡

Filter 选项卡提供了多种滤镜功能，类似于 Photoshop 中的滤镜。如图 5-18 所示。

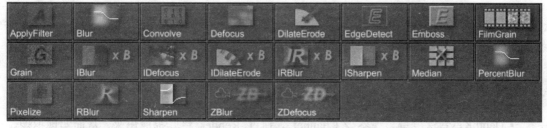

图 5-18　Filter 选项卡

- ApplyFilter：几种模糊效果，与 Blur 节点功能类似。但是速度比 Blur 快。
- Blur：模糊特效。可以进行 x，y 方向的模糊，也可以选择不同的通道。
- Convolve：用于自定义的卷曲效果。该节点提供了一些对图像的模糊、锐化等功能，所以使用它可以自定义一些特效。
- Defocus：散焦效果。
- DilateErode：像素膨胀及腐蚀。可以扩大及缩小图像的像素，同时可以从不光滑的边缘中抽取出外形轮廓以用于着色中以校正边缘。
- EdgeDetect：边缘探测。
- Emboss：浮雕效果。浮雕中的凸和凹的方向可以控制。
- FilmGrain：电影胶片颗粒模拟的效果。
- Grain：颗粒效果。

- IBlur：模糊效果。但和 Blur 不一样。Blur 可以直接控制模糊程度。而 IBlur 是通过另外一张图像（controlling 位置）控制模糊程度。如果 controlling 图像是白色，将得到最大程度的模糊效果，如果 controlling 图像是黑色，对第一张图像没有任何影响。
- IDefocus：散焦。原理同 IBlur 一样，也是用第二张图像控制第一幅图像的散焦程度。
- IDilateErode：膨胀与消蚀。原理同 IBlur 一样，用第二张图像控制第一幅图像的膨胀与消蚀程度。
- IRBlur：放射模糊。原理同 IBlur 一样，用第二张图像控制第一幅图像的放射模糊程度。
- ISharpen：锐化。用第二张图像控制第一幅图像的锐化程度。
- Median：中线，可以消除杂点和噪波。
- PercentBlur：百分比模糊，通过百分比设置模糊。
- Pixelize：像素化，制作马赛克效果。
- RBlur：放射模糊效果，即从中心向四周扩散的模糊形式。
- Sharpen：锐化效果。
- ZBlur：即 Z Channel Blur，Z 轴深度的模糊效果。
- ZDefocus：景深散焦，即根据 Z 通道产生一个由远及近的散焦。

5.5.4　Key 选项卡

Key 选项卡提供了关于抠像的节点，其中包含两个世界顶尖的专业抠向插件 PRIMATTE、Keylight。如图 5-19 所示。

图 5-19　Key 选项卡

- ChromaKey：色度键。它是根据图像的色相进行抠像的。
- DepthKey：深度键。观察 Z Channel，通过 Reoder 将其提取出来，从而实现抠像。
- DepthSlice：深度切片。在 DepthKey 的基础上增加类似渐变的可控中心，使用 0—255 之间数来控制图像显示与否。
- LumaKey：亮度键。对图像的亮度进行抠像。
- PRIMATTE：专业的抠像插件。
- SpillSuppress：溢出控制。防止色彩溢出。
- Keylight：专业的抠像插件。

5.5.5　Layer 选项卡

Layer 选项卡主要提供了层的操作。如图 5-20 所示。

- **AddMix**：功能类似于 Over 节点，但是它可以使用曲线调节前景与背景边缘的融合。
- **AddText**：在背景上添加文字。
- **Atop**：只显示背景 Alpha 通道中的前景。它的计算公式：O=（A in B）over B= A*Ba+（B*（1−Aa））。其中：A 代表前景层，B 代表背景层，a 代表 Alpha 通道，O 代表合成后的结果。
- **Common**：遮罩。比较两张图，将相同部分抽取或隐藏起来。
- **Constraint**：约束到限定的区域，即控制前景和背景显示区域。共有四种约束形式：通道约束、极限约束、场约束和区域约束。
- **Copy**：把图像 B 中的某个通道拷贝给图像 A 的某通道。
- **IAdd**：O=A+B。（A 表示前景，B 表示背景）把一张图像叠加到另一张图像上。
- **IDiv**：O=A/B。把一张图像的色彩被另一张图像相除。
- **IMult**：O=A*B。把一张图像的色彩与另一张图像相乘。如果其中一张图为黑色，那么最后的运算结果为黑色。如果其中一张图为白色，则最后的运算结果不变，仍为原图。
- **Inside**：O=A*Ba。图片 A 在 B 内部的部分，不包含 B。
- **Interlace**：使前景和背景交错。
- **ISub**：O=A−B。两张图的色彩信息相减。
- **ISubA**：O=Abs（A−B）。两张图像色彩信息相减的绝对值。
- **KeyMix**：O=A*（1−M*C）+（B*M*C），M 为融合百分比，C 为第三张图像。使用第三张图像中的某通道对前景和背景进行融合。
- **LayerX**：用运算表达式合成两层。
- **Max**：比较两张图的像素值，然后取较大值。
- **Min**：比较两张图的像素值，然后取较小值。
- **Mix**：O=A*（1−Mix）+（B*Mix）。融合两张图。
- **MultiLayer**：多层输入节点，可以导入不同分辨率的图像并合并。
- **MultiPlane**：多图层变换。
- **Outside**：O=A*（1−Ba）。保留第一张图片在第二张图片外面的部分。
- **Over**：O=A+（B*（1−Aa））。按照前景的蒙板把一张图片放置到另一张图片的上面。
- **Screen**：O=1−（1−A）*（1−B）。可以用于模拟两张反片叠在一起曝光，使相交的部分变亮。用于制作反射或高光效果。
- **SwitchMatte**：将 B 图像的某个通道赋值给 A 图像的 Alpha 通道。

- Under：O=B+（A*（1−Ba））。和 Over 节点的运算相反，即前景背景调换。
- Xor：O=A*（1−Ba）+B*（1−Aa）。即异或运算，保留两张图片相交以外的部分。
- ZCompose：Z 通道合成。运算公式为：

If （Aa==1）then
{
      If（Az==Bz）then （（A+（B*（1−Aa）））+B+（A*（1−Ba）））/2
      Else if（Az<Bz）then A
      Else B
}
Else
A+（B*（1−Aa））

5.5.6 Transform 选项卡

主要提供变形的功能，其中包括变形、镜像、移动、斜切、稳定、跟踪、运动匹配等。如图 6-21 所示。

图 5-21 Color 选项卡

- AutoAlign：自动对齐。
- CameraShake：该节点提供随机抖动图像的功能，用来模拟相机不稳定的情况。
- CornerPin：使用该节点将在图像的四角出现控制句柄，通过控制句柄的调整，使图像变形，例如透视效果等。
- Crop：裁切功能。
- Fit、Flip、Flop：改变图像的分辨率；对图像进行垂直翻转和水平翻转。
- Orient：水平或垂直翻转，−90 度、90 度、180 度等。
- MatchMove：运动匹配。即将一个物体沿跟踪出来的路径进行适配和运动。
- Move2D、Move3D：分别是 2 维和 3 维位移，旋转、斜切和缩放等功能。
- Pan：将图像向 X、Y 两个方向平移。
- Resize：重设图像的尺寸。
- Rotate、Scale、Shear 和 Zoom：分别对图像旋转、缩放、斜切和缩放。Zoom 缩放时改变图像的分辨率。
- Scroll：实现滚屏效果。
- SetDOD：设定有效的动画区域。
- Stabilize：用于消除拍摄造成的抖动画面。

- SmoothCam：光学流动系统的大小调整工具。
- Tracker：捕捉运动物体的轨迹，形成运动路径。
- Viewport、Window：与 Crop 功能类似。Viewport 遮挡图像的边缘，但不裁切。

5.5.7　Warp 选项卡

Warp 选项卡提供了可使画面扭曲变形的功能。Warp 选项卡如图 5-22 所示。

图 5-22　Warp 选项卡

- DisplaceX、IDisplace：用背景形状替代前景图。两个节点功能相同，仅是操作方法不同。DisplaceX 是基于表达式，而 IDisplace 是基于滑块进行调节。
- LensWarp：透镜弯曲节点。
- Morpher：变形。将一个物体变形为另一个物体的特效。
- PinCushion：针垫效果。即将图像实现由中心开始的缩放和扩张。
- Randomize：随机效果。将图像进行一个随机变化。
- Turbulate：紊乱效果。
- Twirl：螺旋，用于模拟水中的漩涡。
- Warper：基于形状的扭曲。
- WarpX：通过表达式控制图像的变形。

5.5.8　Other 选项卡

Other 选项卡中主要提供了一些无法分类的节点。如图 5-23 所示。

图 5-23　Other 选项卡

- AddBorders：为画面添加边框。
- AddShadow：用于制作影子。
- Bytes：用于转换色彩深度。
- Deinterlace：用于去除隔行扫描。
- Field：可以选择偶数场和奇数场。
- DropShadow：用于制作影子。
- Histogram：查看图像的直方图。
- PixelAnalyzer：用于对齐像素。
- PlotScanline：查看图像曲线。

- Select：快速在几个图像之间进行选择。
- SwapFields：为图像交换奇数和偶数场。
- Tile：可将图像重复拼贴在一起，类似于瓷砖效果。
- TimeX：用表达式来控制时间。
- Transition：一副图像向另一幅图像的过渡效果。

南开大学出版社网址：http://www.nkup.com.cn

投稿电话及邮箱： 022-23504636   QQ：1760493289
                                       QQ：2046170045(对外合作)
邮购部：   022-23507092
发行部：   022-23508339   Fax：022-23508542

南开教育云：http://www.nkcloud.org

App：南开书店 app

　　南开教育云由南开大学出版社、国家数字出版基地、天津市多媒体教育技术研究会共同开发，主要包括数字出版、数字书店、数字图书馆、数字课堂及数字虚拟校园等内容平台。数字书店提供图书、电子音像产品的在线销售；虚拟校园提供 360 校园实景；数字课堂提供网络多媒体课程及课件、远程双向互动教室和网络会议系统。在线购书可免费使用学习平台，视频教室等扩展功能。